天下无局

狂言师 著

海南出版社
· 海口 ·

图书在版编目（CIP）数据

天下无局 / 狂言师著 . -- 海口 : 海南出版社，
2024. 12. -- ISBN 978-7-5730-2124-3

Ⅰ. B80-49

中国国家版本馆 CIP 数据核字第 2024HU8849 号

天下无局
TIANXIA WU JU

作　　者　狂言师

出 版 人　路姜波
策划编辑　吕玉萍
责任编辑　徐雁晖　刘兴华
封面设计　李东杰
印刷装订　三河市嵩川印刷有限公司
出版发行　海南出版社
地　　址　海口市金盘开发区建设三横路 2 号
邮　　编　570216
电　　话　0898-66822026
经　　销　全国新华书店
开　　本　710mm × 1000mm 1/16
字　　数　130 千字
印　　张　12
版　　次　2024 年 12 月第 1 版　　2024 年 12 月第 1 次印刷
书　　号　ISBN 978-7-5730-2124-3
定　　价　59.00 元

前言

“三十年河东，三十年河西”，这句俗语形象地描述了世间万物变迁的迅速与无常。《增广贤文》亦载“世事如棋局局新”，进一步强调了世事的不可捉摸，每一处都充满新的变化与可能。这两句话虽表达形式不同，但内核相近，都深刻揭示了世间万物瞬息万变、难以预测的特质。因此，我们需要用发展的眼光看问题，切不可因一时的失败而一蹶不振，而应该勇往直前，在不断变化中破局重生。

曾国藩的人生前半场境遇与蒲松龄有些许相似，甚至起点更低。曾国藩的父亲曾麟书从十几岁开始入考场，直到 43 岁、考第 17 次才中秀才！而曾国藩也克肖其父，连考 6 次，场场落第。在第 6 次，因为文理不通，成了本场考试被批评的典型。这次的点名批评可把曾国藩给尴尬坏了。

自那次尴尬的点名批评后，曾国藩深入书房，重新审视自己的学习方法和思考方式。他自命名“涤生”，寓意洗涤过去，重生新我。他将自己的考卷与优秀范文对照，洞察到自己的文章过于拘谨，缺乏灵动与大局观。而好的文章有其内在的逻辑和章法，于是他决定转变学习方式，注重理解和深入思考。经过这番调整，曾国藩逐渐领悟了作文的要领，仿佛找到科考的“秘钥”。他明白了如何将自己的真实见解和感受融入文章，使道理更加透彻。有了这样的转变，第 7 次考试，曾国藩终于脱颖而出，成功考上秀才。第 2 年，他再赴长沙参加举人考试，竟一举中第。28岁那年，他又高中进士。而在当时，进士的平均年龄为38岁。

蒲与曾的成就高低暂且不论，单从科举应试这一条来看，有“半个圣人”之称的曾国藩能够顺利从科举的迷雾牢笼中脱困，是成功的破局者。从学习效率的角度来看，曾国藩的应试方法亦有今人值得借鉴学习的地方。

古今多少事，都付笑谈中。而在谈笑之后，我们又有哪些收获呢？在《三国演义》中提到“谋事在人，成事在天”，天意虽然难测，成事谋事却必不可少。《孙子兵法》有言：“多算胜，少算不胜，而况于无算乎！”布局者需深思熟虑，如韩信的“背水一战”，看似冒险，实则是经过精心谋划的奇谋。

破局者，最具勇气与决断。在困境中寻找转机，在危机中发现生机。作为在复杂社会中生存的普通人，应当深入挖掘并广泛吸收古人的智慧，从史书中探寻那些卓越的策略家巧妙化解困境之道。通过学习古人的智慧，我们将领悟到在遭遇困难和挫折时，要敢于突破常规，勇于接受挑战，实现自我超越。我们不应退缩，而应勇往直前，积极寻求解决问题的途径。总之，谋划局势、布局策略、突破困局，这些都是人生智慧与勇气的集中体现。

清末民初的陈澹然在《寤言》中说：“不谋万世者，不足谋一时；不谋全局者，不足谋一域。”我们应当以深远的眼光洞察未来，以周密的策略规划当下，以坚定的勇气面对挑战，从而在人生的道路上不断前行。

目录

第一章
反求诸己，破局高手的短板修复

“反求诸己”一词见于《孟子·公孙丑上》，意思是事情做不成功，遇到了挫折和困难，或者人际关系处得不好，要对自己进行反思，只有自己的修正和进步，才能赢得他人的认可和支持。许多人在遇到困难的时候，第一反应不是怨天尤人就是一意孤行，好比一个误入沼泽的人，没有寻求正确方法而是拼命地胡乱挣扎，导致越陷越深，这样怎么能够脱困呢？

将欲治人，必先治己

破局思维

“将欲治人，必先治己”出自宋代杨时《河南程氏经说·中庸》：“故君子之治人，治其不及人者使及人而已。将欲治人，必先治己，故以忠恕自治。”其主要意思是，想要管理别人，首先要把自己管理好。古人同时还提倡“人不率则不从，身不先则不信”。意思是一个人如果自身不能做出表率，就无法让别人跟从；如果不能以身作则，就很难使别人信服。

破局解读

“将欲治人，必先治己”，简单来说，就是如果你想要治理好别人，首先你得先管理好自己；如果你想要端正别人的行为，那你自己必须先做到行为端正。

古代的谋臣智士们认为，作为一个领导者，最重要的是要修养自己的品德，因为只有这样，别人才会真心信服你。领导者必须首先从自身做起，才能成为大家的榜样。

孔子就非常重视这一点，他把“正己”看作当官为政的重要一环，是管理者必须具备的基本素质。当季康子问孔子如何治理政事时，孔子说:“政治，就是要做到公正。如果你自己能够带头做到公正，那么谁还敢不公正呢？”当子路问孔子如何治理政事时，孔子对子路说:“领导者应该走在前面，做出表率，并且辛勤工作。”

孔子还说:“如果你自己行为端正，那么不用下命令，大家也会跟着你做。但如果你自己行为不端，那么即使你下了命令，大家也不会听从。”他还强调:“如果连自己都不能做到品行端正，那怎么能去端正别人的行为呢？”

简而言之，一个团队的管理者如果希望在团队中树立威信，那么最好的方法就是做好表率，以身作则。“服众”的第一手段绝不是施加压力、恐吓，“口服”永远不如“心服”。

破局故事一

在《吕氏春秋·贵直论》中记载了这样一件事：春秋时期，晋国的大臣赵简子带领军队去攻打卫国。可是，到了真正要打仗的时候，他却远远地躲在了盾牌后面。他下令击鼓进攻，但士兵们毫无反应，这让他觉得士兵们失去了斗志。

这时，一位名叫烛过的官员（他的职位是行人）对他说："是您的表现有问题，不是士兵们有问题。"这句话让赵简子非常生气。但烛过继续解释，他说："以前，我们的先君献公在位五年，他战无不胜，用的就是这些士兵；后来惠公在位两年，他贪图享乐，残暴无道，最后败给了秦国，逃跑的也是这些士兵；再后来文公继位两年，他以身作则，以勇猛和坚忍来激励士兵，最后打败了楚军，名扬天下，用的还是这些士兵。"

听了烛过的话，赵简子如梦方醒，他立刻从盾牌后面走出来，站在了队伍的最前面，即使面对敌方的弓箭，他也毫不退缩。他只击了一次鼓，士兵们就勇敢地冲上了卫国的城墙，赢得了这场战斗。

战后，赵简子深有感触地说："我得到一千辆战车，也比不上听到烛过这一句话的价值！"

将欲治人，必先治己。赵简子带领军队打仗时，起初他躲在盾牌后面，士兵们看到他这样贪生怕死，自然就不愿意听从他的命令去冲锋陷阵。但后来，他接受了烛过的建议，决定以身作则，勇敢地站在队伍的最前面。士兵们看到赵简子这种勇敢和决心，受到他的感染，也变得更加勇敢，奋力作战。这就是"其身正，不令而行；其身不正，虽令不从"的道理。

在现代社会中，像赵简子这种大喊"冲啊，我在后面掩护你"的人大有人在，而其鼓噪的把戏是多么拙劣，这样既不能起到实际作用，更不能被人所信服，只能沦为大众的笑柄。反之，一个好的领导者，如果他自己行为端正，不用下命令，人们也会跟着做。

破局故事二

据《晏子春秋·外篇》记载："晏子相景公，布衣鹿裘以朝。""鹿裘"，即用鹿皮制成的衣服，在当时是很普遍也很粗陋的一种皮衣。齐国的晏婴是齐景公的宰相，虽然地位非常高，但他经常穿着粗布衣服或者鹿皮做的裘衣去上朝。

齐景公看到晏婴穿成这样，心里不太高兴，就送给他一件用豹皮装饰的白狐皮大衣，这件衣服非常华丽且价值连城。他还让大夫梁丘据去送这件衣服给晏婴。可是，晏婴坚决不肯接受，梁丘据送了三次，晏婴就拒绝了三次。

这让齐景公感到有些尴尬，他就对晏婴说：“我有两件这样的皮衣，一件想送给你，另一件我准备自己穿。但你不接受，我也不好意思穿了。与其放在箱子里不用，不如穿在身上。”

对于齐景公的厚赠，晏婴解释说：“平时我一直提倡要杜绝奢侈浪费，要求官员们节俭，以减轻百姓负担。我若穿着华贵的衣服，官员们便会上行下效，奢靡之风就难以禁止了。”

晏子作为百官之首，齐景公认为要穿得体面一点，可以显示朝堂的气派，其实也没有什么错。而晏子认为，既然要统领百官，那么必须要言行一致，才可以服众。正所谓“善禁者，先禁其身而后人；不善禁者，先禁人而后身”。齐景公要的是朝堂的“面子”，晏婴要保全的是朝堂的“里子”，从现实意义来讲，廉洁奉公的“里子”是远大于奢华荣显的“面子”的。

从古至今，那些有所成就的政治家都非常注重自我约束，他们擅长用自己的行为来影响和带动周围的人。治理他人之前，他们首先会治理好自己；要使他人品行端正，自己必须先品行端正。

知错能改，大丈夫之始也

破局思维

犯了错误是可以被理解的，只要能够认识和改正错误，就能从中受益。“人谁无过，过而能改，善莫大焉”，人人都可能会犯错，但是只要能够意识到自己的错误并且愿意改正，就没有比这事更好的了。

破局解读

我们都知道，每个人都有自己的长处和短处。想要变得更好，就得先看清自己的不足，然后努力去改进。现在社会竞争很激烈，大家都想变得更强。但在这个过程中，犯错是很正常的。最重要的是，破局者要有勇气面对自己的错误，然后不断去完善自己。这样，才能在人生的道路上不断前进，走得更远。

“知错能改”这句话同样适用于公司的经营。在商业世界里，公司也会遇到很多问题和困难。和人一样，公司也要能看清自己的问题，并勇于去改正。如果公司的产品有问题，公司就要及时把产品收回来，改进制造方法；如果市场发生了变化，公司就要灵活调整自己的策略，找到新的机会。只有不断地改变自己，公司才能在激烈的商业竞争中脱颖而出，不被淘汰。

破局故事一

《史记·廉颇蔺相如列传》中记载，赵国有两个特别厉害的大臣，一个是武将廉颇，另一个是文臣蔺相如。廉颇是个打仗的高手，他率领军队战胜了很多国家，特别有名。而蔺相如呢，他不仅聪明而且勇敢，哪怕面对强大的秦王也不胆怯。他两次出使秦国，都帮赵国争得了面子，所以赵王非常看重他，给他的地位比廉颇还要高。

然而廉颇觉得不太公平，他觉得蔺相如就是会说几句漂亮话，哪里比得上他的战功赫赫呢？所以，他常常对手下的人说，要是碰到蔺相如，一定要给他点颜色看看。

这话传到了蔺相如的耳朵里，他就开始装病不去上朝，避免和廉颇碰面。他还告诉手下的人，如果碰到廉颇的手下，就尽量让着点，别跟他们吵。可有一次，蔺相如出门办事，偏偏就碰到了廉颇。为了不让两人起冲突，蔺相如就叫马车夫把车驾驶到小巷子里，让廉颇先过去。

蔺相如的手下们都很生气，觉得蔺相如太怕廉颇了。但蔺相如解释说："你们想想，秦国现在不敢来打赵国，就是因为我们国内文官武将都团结一致。我和廉颇就像是两只老虎，如果我们打起来，其中一只肯定会受伤，那秦国就有机会来打赵国了。你们说，是国家重要还是我们个人的面子重要呢？"

这话传到了廉颇的耳朵里，他觉得很惭愧。于是，他脱光上衣，背上荆条，跑到蔺相如家里去道歉。蔺相如赶紧扶起他，从此两人成了好朋友，一起保卫赵国。

廉颇不仅是个勇猛善战的将军，还是个真正的勇士。立下赫赫战功且身居高位的廉颇敢于面对自己的错误，负荆请罪实属难得。我们在很小的时候所接受的教育，告诉我们犯了错就应该改正，但有时候，因为面子问题，我们很难主动承认错误。其实，回避错误需要花费很多力气。与其这样，不如直接承认错误，把它当作一个教训。

每个人都是在经历各种困难和错误中成长的。错误就像路上的小水坑，只有当你踩进去，溅起一身水，你才会记住以后要小心避开。所以，在前进的路上，不要害怕犯错。只要你犯错后，坦诚地承认并努力改正，你就会发现路上的水坑越来越少，你的路也会越走越顺畅。

破局故事二

西汉刚建立的时候，朝廷从关东召集了一些士兵，准备派往陇西去守边。这些士兵在路过洛阳的时候，其中有一个叫娄敬的士兵求见刘邦。娄敬向刘邦提议建都长安，刘邦听了非常高兴，马上给了他一个官职，还赐给他姓刘。

在公元前 200 年，被改封到马邑的韩王信起兵叛乱。刘邦听到这个消息后，亲自带兵去讨伐他。当刘邦到达晋阳时，听说韩王信已降于匈奴。他非常生气，于是派使者去匈奴探听虚实。使者回来报告说匈奴那边都是老弱病残，可以攻打。后来，娄敬也被派去匈奴，但他认为匈奴是在故意示弱，他对刘邦说："今臣往，徒见羸瘠老弱，此必欲见短，伏奇兵以争利。愚以为匈奴不可击也。"简而言之，娄敬看出了匈奴的诡计，建议刘邦从长计议。

经过多次"调研"的刘邦听了娄敬的建议后非常生气，觉得娄敬的言辞与自己的认知完全相悖，更是担心这种反对的声音扰乱军心，所以当场骂娄敬："你这个齐国的俘虏，靠一张嘴得到官职，现在却在这里胡言乱语败坏我军士气！"然后，刘邦就把娄敬关押在广武。

刘邦继续进攻匈奴，结果真的中了匈奴冒顿单于的计策，被困在了白登山，经过七天才脱险。回到广武后，刘邦马上释放了娄敬，对他说："我没有听你的建议，结果被困在了平城。我已经把那些建议攻打匈奴的人都杀了。"然后，刘邦加封娄敬为建信侯，还给了他两千户的封地。

看过这段历史故事后，不少人都在佩服娄敬的见识与眼光，而忽略了刘邦知错能改的胸襟。一个手握生杀大权的皇帝，能够在失败后及时拨乱反正，把姿态放得这么低，在历史中是很少见的。历史上不少的皇帝犯错之后，往往是将错就错，直言进谏的大臣好好收场的更是少之又少。

我们从刘邦后面的行为进行分析，先是杀掉了提供错误情报的使者，然后奖励了敢于发出不同声音的娄敬。这不仅是对前期偏听偏信的一个纠正，更是防止言路中断的补救。如果打败仗归来的刘邦像后来的袁绍对待田丰一样把娄敬晾在一边，或是按个什么罪名杀掉，恐怕朝堂之上就无人敢建言献策了，他苦心建立的汉朝恐怕也难以长久。刘邦的做法不仅是还给娄敬一个公道，更是以正人心。所以，刘邦的知错能改，不仅是一种帝王气度，更是维系朝堂稳定的高明手段。

留一只耳朵用来听批评

破局思维

为人处世，最难得的是听进去批评；最可贵的是懂得珍惜敢去批评你的人。《史记·商君列传》中有云："反听之谓聪，内视之谓明，自胜之谓强。"意思是说，只有善于听取不同意见，才能变得聪睿；只有善于反省自己，才能变得明智；只有战胜自己，才能称为强者。

破局解读

人们往往对批评有一种自然的反感。即使批评是出于善意，他们也可能觉得这是对自己的一种直接攻击。面对批评，他们更可能认为别人对他们有偏见，而不是反思自己的问题。不接受批评的人其实都忽视了一个重要的建议：要真正了解自己。

人们常常听到的赞美，很多时候可能只是出于礼貌或为了迎合。如果只接受赞美而拒绝批评，那就像两只耳朵都被赞美塞满了，实际上就成了聋子。明智的人，总是会留一只耳朵来倾听批评的声音。从古至今，那些有成就的人，无一不是这样做的。

遇到批评时的认知很重要，因为真正关心你的人，才会对你的错误言行提出批评。这种批评背后，往往隐藏着深厚的情谊和关爱。从别人的直言不讳中，你能得到比从自己的理解和判断中更为纯净、更为直接的启示。所以，批评并不是敌人，而是帮助你成长的朋友。

破局故事一

秦朝末年，刘邦带着军队打进了咸阳，把秦朝的统治给推翻了。当他看到秦朝的宫殿非常豪华，美女和珠宝多得数不清，他贪念大起，想要全部据为己有。

但他的大将樊哙告诉他，这样做不好。刘邦听了很不高兴。这时候，谋士张良也劝他："秦朝皇帝就是因为太奢侈了，所以失去了民心。你现在刚入秦宫就想享乐，这不是好事啊！樊哙说得很对，忠言虽然不好听，但对我们有好处。你还是听他的吧！"

刘邦听了张良的话，觉得很有道理，就马上采纳了樊哙的意见。他不仅没动秦宫的财宝，还废除了秦朝的苛刻法律，并对入城的士兵下了命令："杀人要偿命，伤人和偷盗也要受罚。"他在都城秋毫无犯，让秦地的人们都非常拥护他。这和后来的项羽一把火烧了阿房宫的行为形成了鲜明的对比。

刘邦作为底层出身的皇帝，一手缔造了大汉王朝，成了后世很多人追捧的对象，但早年间刘邦身上的缺点也非常明显，既贪财又好色，在鸿门宴中范增评价刘邦："沛公居山东时，贪于财货，好美姬。"

进入咸阳之后的刘邦变成了“三好学生”了吗？并非如此，刘邦能够控制住自己的欲望，能够以弱胜强战胜项羽并取得天下，其中一个很重要的因素就是他虚怀若谷，能诚心接受别人的批评意见，改正自己的错误。如果刘邦进入咸阳，大肆烧杀抢掠，失了民心，恐怕也难以取得楚汉之争的胜利。

刘邦和项羽在智商上其实相差不大，有时候刘邦的想法并不比项羽高明多少。但刘邦有一个很重要的优点，那就是他愿意倾听并接受高人的建议。即使他一开始不太明白，但经过别人的指点，他总能理解并采纳。而项羽则不同，他并不是因为反应慢而错过机会，而是他根本就不愿意或无法看到那些机会。

其实项羽不是没有机会。范增是项羽身边一个非常厉害的谋士，他一直在为项羽出谋划策，帮助楚军从弱小逐渐变得强大。如果项羽能够一直听从范增的建议，那么他取得天下的胜算会很大。但是，由于某些原因，项羽把范增给气走了。就拿鸿门宴事件来说，范增建议项羽杀掉刘邦以消除隐患，但项羽因为顾及情面，放过了刘邦。

从这个故事中我们可以看出，能够听从他人正确的建议和批评是非常重要的。这不仅可以避免让我们犯下错误，还可以帮助我们更全面地了解这个世界。所以，当别人提出批评或建议时，我们应该认真对待并虚心接受。

破局故事二

晚清名臣曾国藩天资并不算高，但他成为影响中国近代历史的重要人物。其中一个关键原因就是他很会听取别人的不同意见。他的书房叫“求阙”，意思是要找自己的不足，他很喜欢听别人的批评，而且他地位越高，越愿意听那些不好听但真实的话。

在1854年至1855年这段时期内，曾国藩的人生遭遇了前所未有的低谷。作为湘军的统帅，他领导军队与太平天国军队交锋。然而，命运似乎与他作对。他连续两次被太平天国军队击败，损失惨重，败绩连连，显得极为狼狈。雪上加霜的是，他还遭到了上级的严厉羞辱，使他一度濒临绝望，几乎欲投水自尽。在这艰难时刻，他的挚友李元度却始终陪伴在他身边，给予了他宝贵的支持。

某日，曾国藩对李元度深沉地说道："自吾率军征战以来，已在岳州、靖港、湖口三地接连失利。我反复思量，却始终无法扭转战局。看来，我或许天生便不擅长战事。"

李元度闻言，默然片刻，随后缓缓说道："并非如此。实际上，你的失败恰恰源于你过于精通战事。"

曾国藩闻此，不禁感到讶异。李元度继续剖析道："岳州之败，或许可归咎于天意，但靖港之战，则是你自身的问题。在战争中，一旦确定了目标，便不可轻易变更。然而，你在紧要关头更改了原定计划，这正是靖港之战失利的原因。"

原来，在1854年靖港之战前，曾国藩原本计划以全军之力攻取湘潭，但后来受到他人建议的干扰，仅率半数兵力前往靖港，结果遭遇大败。因此，李元度才会做出上述论断。

李元度接着分析道："至于湖口之战，我们失败的主要原因在于你的骄傲自满。你总认为自己能够掌控全局，然而实际上，是石达开在暗中操控大局。"

李元度的话语虽尖锐，但句句切中要害。若是一般心胸狭窄之人，可能会对李元度心生怨恨。但曾国藩异常豁达，乐于接受这样的批评。

曾国藩深吸一口气，郑重地说道："李元度，你言之有理。我始终愿意倾听他人的意见，学习他们的长处。虽然我可能无法达到古代圣人的高度，但我至少能够虚心接受那些正确且有益的批评。”

听完李元度的话，曾国藩并没有对其发火或者责怪，而是感激地接受了他的建议，开始深入思考自己失败的原因。他知道自己在打仗方面并非天才，但他也明白，能够战胜强大的太平天国，靠的不仅仅是武力，更重要的是能够虚心接受批评，不断学习和改进。

这种勇于面对失败、敢于接受批评、不断学习和进步的精神，正是曾国藩能够成为一代名臣的关键所在。这种智慧，对于我们每个人来说，都是值得学习和借鉴的。

发现强者，学习强者，成为强者

破局思维

欲求成长之道，当寻强者为伴，学其智慧，磨其毅力，方能不断提升自我。莫与弱者同伍，以免受其影响，失却进取之心，沦为平庸之辈。

破局解读

要想在人生的道路上取得耀眼的成就，我们得去找那些已经在自己领域里做得非常出色的人。只有向这些厉害的人学习，我们才能更快地实现自己的梦想和目标，让我们的梦想照进现实。

为什么向强者学习这么重要呢？因为成功的人往往都有很多宝贵的经验和智慧。他们经历过很多困难和挑战，从中学到了很多有用的东西。如果我们能听听他们的故事，学习他们的经验，就可以避免自己走弯路，更快地实现自己的目标。

这就像站在巨人的肩膀上一样，我们可以借助他们的经验，看得更远，走得更快。所以，如果你想变得更强大，更有成就，就去向那些已经成功的人学习吧！他们的经验和智慧会是你前进道路上最宝贵的财富。

破局故事一

在战国时期，赵国的国君赵武灵王是一位具有远见卓识和非凡胆量的君主。那时候，楚国、齐国等国家因为搞联合策略，局势很不稳定。赵武灵王觉得，要想让赵国变得更强，就得向强者学习。他看到北方的胡人骑马射箭特别厉害，于是就想："咱们赵国能不能也学学他们，提升一下军事实力呢？"

他把这个想法告诉了身边几个得力助手，比如楼缓和肥义，还有他的叔叔公子成。他说："咱们赵国四周都是敌人，得想办法变强才行。我打算先从服装开始改，然后再学胡人骑马射箭。"

楼缓好奇地问："服装要怎么改呢？"

赵武灵王解释说："咱们现在穿的衣服太长了，袖子大、腰宽、领口大，走路都费劲。我打算换成胡人那种小袖子的短褂，腰间系上皮带，脚上穿皮靴，这样行动起来就方便多了。"

楼缓一听，觉得很有道理，立马跑去告诉肥义。肥义也觉得是个好主意。于是，第二天上朝时，赵武灵王、楼缓和肥义都穿上了这种新式的胡服。大臣们一看，都惊呆了，还以为他们出了什么问题。

随后，赵武灵王宣布了这个决定，大臣们觉得太丢脸了，觉得这是抛弃了中原的文化和礼仪。但赵武灵王决心已定，他亲自去说服了最顽固的叔叔公子成。大臣们看到公子成都换了服装，也只好跟着改了。

没过多久，全国的军队都换上了胡服。刚开始，民间有些人觉得不习惯，但后来发现胡服真的方便多了，就慢慢流行起来了。

接下来，赵武灵王开始教大家骑马射箭。他亲自训练士兵，不到一年时间，赵国的骑兵队伍就训练成了。改革后，赵武灵王亲自率军打仗，收复了很多地方，赵国也因此变得更加强大了。

面对周边国家的威胁与挑战，赵武灵王明白，要想生存与发展，必须寻找突破口。他看到了胡人骑射的强大之处，并决定将其引入赵国，面对大臣们的非议，赵武灵王的心志是非常坚定的，没有就此打住，而是要坚决推行。这一点的启示是什么呢？即使你发现了成为强者的“法门”，你会担心非议而停步不前吗？所以，学习强者或是模仿强者的时候，需要有推行下去的决心与意志。

破局故事二

1840 年中国鸦片战争爆发，日本举国震惊。日本民众看到曾经那么强大的中国，在短短的时间里就被西方列强打败，这让他们深刻认识到西方国家的强大力量和闭关锁国的局限性。

1853 年，美国海军准将马休·佩里率舰队抵达日本，史称“黑船事件”。这一事件打破了日本长期的闭关锁国状态，并迫使日本在次年与美国签订《神奈川条约》。随后，荷、俄、英、法等国也相继与日本签订不平等条约，导致日本面临严重的民族危机。

面对外部压力，日本国内的有识之士开始呼吁改革，以应对西方的侵略和压迫。在政治方面，他们废除了旧的封建制度，建立了新的政府结构，让国家更加统一和有序。在经济方面，他们引进了西方的技术和设备，建立了工厂和公司，开始生产更多更好的产品。在社会方面，他们废除了封建特权，让更多人有机会参与到国家的建设和发展中来。

但是，要想真正变得强大，光是靠自己摸索是不够的。于是，日本派出了一支大型的使节团去欧洲和美国学习。他们观察了那些国家的政治、经济和文化，学习他们的经验和做法。

同时，日本还从西方国家引进了大量的科技和人才。他们买了先进的机器和设备，建立了示范工厂，让日本人也能学到这些技术。他们还聘请了外国专家，并送自己的学生去国外留学，培养更多的人才。

经过这样的努力，日本逐渐变得强大起来。他们不仅在经济上取得了巨大的发展，还在科技、文化和教育等方面取得了显著的进步。这一切都离不开他们向强者学习的决心和行动。这一变革被称为明治维新。

明治维新是日本历史上的一次重要转折点，通过向强者学习、政治改革、经济改革和社会改革等一系列措施，使日本摆脱了民族危机，走上了发展资本主义的道路。明治维新的成功不仅推动了日本的现代化进程，也对整个亚洲地区产生了深远的影响。

罚不迁列与亡羊补牢的速度

破局思维

“罚不迁列”出自《司马法 · 天子之义第二》，其主要含义是：在战争中，当与敌人遭遇时，必须激励士兵奋勇向前，毫不退缩。对于那些畏惧敌人而退后一步的士兵，必须立即施以重罚，且这种惩罚应在原地执行，不得迁延。只有这样，才能确保军队的战斗力和士气，从而取得战争的胜利。

破局解读

“罚不迁列”在这里所强调的是，一旦发现错误或祸害的苗头，在问题出现之初就迅速评估其可能带来的影响，采取果断措施，防止其进一步恶化或扩散。这包括了解问题的严重程度、范围以及可能带来的长期影响。

在处理完错误或祸害后，我们不能就此止步。相反，我们应该对整个处理过程进行反思和总结，找出问题产生的原因和漏洞，并制定相应的改进措施。持续改进的目的是防止类似问题再次发生，提高我们的防范能力和应对能力。

破局故事一

隋朝开国功臣杨素，是一位以严苛治军而闻名的将领。他手握重兵，对军纪的要求极高。他带兵打仗时，军容严整，绝不姑息任何违反军令的行为。

每当大战在即，杨素都会先找出那些犯有错误的士兵，当着全军的面将他们斩首。有时候，他会一次处决上百人，少则也有十数人。这样的做法让所有的将士都感到惊恐，他们深知一旦犯错，便没有活路。

在与敌人对阵时，杨素更是采取了极其严厉的手段：他会先派三百名士兵去冲锋陷阵，如果这些士兵能够成功攻破敌阵，那就算了；但如果他们无法冲破敌阵而活着回来，不论有多少人，杨素都会下令将他们全部斩杀。接着，他会再派二三百人继续进攻，同样，无法攻破敌阵而返回的士兵也会遭遇同样的命运。

在杨素的军队里，杀人似乎成了一种常态。每当战斗结束，战场上都会血流成河，甚至蔓延营帐前。但杨素对此毫不在意，他依旧谈笑自如，仿佛什么事都没有发生过一样。

尽管杨素以冷酷无情著称，令人感到震惊和害怕，但出乎意料的是，众多将士仍愿意追随他。这主要在于杨素赏罚分明。对于那些在战场上表现不佳的士兵，他会毫不留情地执行军法，以儆效尤。但对于那些英勇善战、立下赫赫战功的将士，杨素则毫不吝啬地给予重赏。

杨素常常能取得胜利，因此皇帝赐予他大量的财物。而跟随杨素冲锋陷阵的将士们，也都能从中获益，分得丰厚的奖赏。更令人感动的是，杨素不仅奖赏那些精锐的士兵，还会厚待他们的家人，荫庇他们的子孙，让他们无后顾之忧，全心全意地为国家、为杨素效力。

正所谓“重赏之下必有勇夫”，正是因为杨素愿意重赏那些与他并肩作战的将士，他才敢在战前严厉地处罚那些违反军令的士兵，甚至采用那种近乎自杀式的作战方法。他的这种胆识和魄力，让后代将领都为之佩服，但也很少有人敢轻易效仿，毕竟没有足够的奖赏和信任，是难以维系军队的团结和士气的。

破局故事二

在战国时期，楚国有一个聪明的大臣叫庄辛。有一天，他对楚襄王说：“大王，您看看您的周围，不是州侯就是夏侯，出门还有鄢陵君和寿陵君跟着您。您和这些人只顾着享受和玩乐，国家的政事却抛到了一边。这样下去，我们楚国的都城郢都迟早会有大危险的。”

楚襄王听了庄辛的话，心里很不舒服，觉得庄辛是在故意说些危言耸听的话来扰乱人心。于是，他生气地回应说：“你是不是老糊涂了？怎么净说些不吉利的话！”

庄辛却不急不躁地回答说：“我并不是故意要吓唬您，我是真的觉得楚国再这样下去会有大难。如果您一直宠信这些小人，楚国迟早会灭亡的。既然您不相信我的话，那我还是去赵国避避风头，看看事情到底会怎么发展吧。”楚襄王同意了庄辛的请求。

没想到，庄辛在赵国才住了五个月，秦国就派兵来攻打楚国了。楚襄王被打得措手不及，只好流亡到城阳去避难。这时，他才想起庄辛的话来，觉得庄辛说得没错，于是赶紧派人把庄辛请回来商量对策。

庄辛回来后，给楚襄王讲了一个故事。他说：“以前有个人养了几只羊。有一天早上，他发现少了一只羊，原来羊圈破了个洞，狼从洞里钻进来把羊叼走了。邻居劝他赶紧把羊圈修一修，堵上那个洞。他却说：‘羊都丢了，还修羊圈干什么？’结果第二天早上，他又发现少了一只羊。这次他后悔没听邻居的话，于是赶紧把羊圈修好了。从此之后，他的羊就再也没有被狼叼走了。”

庄辛用这个故事告诉楚襄王：“现在楚国虽然遭受了一些损失，但只要大王您能振作起来，改正以前的错误，秦国是灭不了我们楚国的。”楚襄王听了庄辛的话，觉得很有道理，于是按照庄辛的建议去做，果然收复了淮北失地。

熟悉历史的人都知道，后来秦灭六国，统一了中国。楚襄王虽然听取了“亡羊补牢”的策略，毕竟还是动作慢了。这个故事给我们的启示是什么呢？一旦发现问题的矛头，必须立刻采取行动，否则等羊都被狼吃完了，“补牢”就真的没有任何意义了。

容小过，得长酬

破局思维

“容小过者，得长酬之”这句话，其实就是说，当我们看到别人犯了一点儿小错误或者做了点儿小事让我们不开心时，我们应该选择原谅他们。宽恕不仅仅是一种美好的品质，也是一种聪明的做法。

破局解读

在日常生活中，我们都会不可避免地遇到别人犯下的小过失或错误。这时候，我们可以借鉴“容小过者，得长酬之”的智慧，宽容地对待他人。

宽容不仅能帮助我们保持内心的平和与宁静，还能让对方感受到我们的善意和尊重。当我们选择宽容时，我们实际上是在给予对方一个改过自新的机会，让他们有机会从错误中学习和成长。

但重要的是，我们要明白宽容并不意味着纵容。宽容是建立在理解和尊重的基础上，给予对方一个改正错误的机会，而不是放任他们继续犯错。在宽容的同时，我们也要保持清醒的头脑，明确告诉对方他们的错误所在，并鼓励他们积极改正。

破局故事一

在汉朝初期，有个非常有名的大臣叫袁盎，他曾经担任过吴国的相国。后来，汉景帝即位，景帝听从了晁错的建议，想要削弱各个诸侯王的势力，结果引发了七国之乱。汉景帝刚刚登基，面对这种大乱，感到很害怕。

就在这个时候，袁盎站了出来。他向汉景帝建议，那些诸侯都是刘家的后代，他们其实并不想真的造反。袁盎提议，如果汉景帝杀了晁错，他可以去跟这些诸侯王解释，那么这场叛乱就有可能平息。汉景帝听从了袁盎的建议，杀了晁错，然后派袁盎作为使者去吴国，试图平息吴王的愤怒。

但是，当袁盎到达吴国时，叛乱已经不可控制，杀一两个大臣并不能解决问题。吴王见到袁盎后，甚至想策反他，让他加入自己的阵营。但袁盎拒绝了，他坚持自己是汉朝的臣子，不能背叛朝廷。

吴王很生气，于是派了五百人包围了袁盎的住所，打算杀了他。袁盎当时身边并没有多少人手，看起来他很难逃脱。但就在这时，奇迹发生了。吴王派来领头的士兵，竟然是袁盎以前的一个随从，这个随从几年前和袁盎家里的一个女仆私奔了。袁盎知道后，不仅没有惩罚他们，反而成全了他们，把女仆送给了随从。

这个随从对袁盎的恩情一直记在心里。所以当他得知要杀的人是袁盎时，他决定帮助袁盎。他变卖家产，贿赂了防守的人，然后带着袁盎突围，成功逃出了吴国的势力范围。就这样，袁盎侥幸捡回了一条命。

作为领导者，除了要对下属表示关心和喜爱之外，还应该展现出自己的宽容和大度。这意味着，当下属犯错或有过失时，领导者应该尽可能地原谅他们，而不是严厉惩罚。

领导者对下属的宽容和大度是非常重要的，因为它能够营造一种和谐、积极的工作氛围。当下属感受到领导者的理解和支持时，他们会更愿意为团队和组织付出努力，也会更加信任和尊重领导者。这种向心效应能够帮助团队团结协作，共同实现目标。

简单来说，领导者要学会包容和理解下属，用宽容和大度来赢得他们的信任和尊重，从而增强团队的凝聚力和向心力。

破局故事二

邴吉，字少卿，汉宣帝时期的丞相。他是一个内敛稳重的人，不喜欢张扬自己。作为官员，他特别擅长为部下掩饰错误，并着重宣传他们的优点。

有一次，邴吉的车夫因为喝酒过量，不小心在丞相的车上呕吐了。主管官员想要赶走这名车夫，但邴吉阻止了他们。他说："仅仅因为一次喝醉就赶走他，那他以后还能去哪里呢？我们就容忍他这一次吧，毕竟只是弄脏了车上的垫子而已。"于是，车夫保住了他的工作。

这个车夫来自边境地区，对边境的情况非常了解。一次，他偶然得知匈奴已经入侵了云中郡和代郡，便立即报告给了邴吉。后来，皇帝询问边境的情况，邴吉能详细回答，而御史大夫因为不了解具体情况而受到了责罚。皇帝称赞邴吉忧国忧民，这都得益于车夫的及时报告。邴吉感叹道："每个人都有他的长处，如果我没有宽容那个车夫，我怎么会知道这些重要的消息呢？"这件事让部下们更加佩服邴吉的才能和胸怀。

假如邴吉没有容人之量，因为车夫醉酒呕吐便打发掉他，恐怕就无法得到后来的情报，更不用说皇帝的称赞了。

如果我们能宽容地看待别人犯下的小失误，甚至是大的错误，并且选择原谅他们，那么或许这些人会在以后的日子里，以他们的优点或能力来回报我们。特别是当我们能够宽恕那些曾经伤害过我们的人时，他们可能会因为感激而对我们更加忠诚，甚至不惜一切代价来帮助我们。

像车夫一样，这些感激和回报之情会深深地刻在他们的心里，平时他们可能会寻找各种机会来报答；到了关键的时刻，他们更是会毫不犹豫地站出来，全力以赴地帮助我们。

相比之下，那些对别人的小错误或冒犯都斤斤计较、不肯原谅的人，就显得非常愚蠢了。因为他们这样做，不仅会失去别人的尊重和友谊，还可能在真正需要帮助的时候，找不到一个愿意伸出援手的人。所以，宽容和原谅不仅是一种美德，更是一种智慧。

第二章

韬光养晦，破局高手的荣辱之路

所谓“韬晦之策”，实际上是一种在自身实力尚未足以直接达成目标之时，为防范他人之干扰、阻挠或破坏而有意采取的低调姿态，意在营造出一种实力不济、无意争斗的假象。此策略不仅目标清晰明确，且极具实用性，更蕴含了深刻的进取精神。

尽管表面可能频繁展现出退让与容忍，实则更加凸显了个人在逆境中所展现的坚韧不拔意志以及能够承受压力的强大内心力量。

只有卧薪尝胆，方能厚积薄发

破局思维

“卧薪尝胆”出自越王勾践复国灭吴的故事，旨在告诫我们：逆境往往能够培养人的坚韧与勇气，同时也能够激发深藏的潜力；面对困难与挑战时，不要轻易地被其打倒，而应该学会在困境中积极寻求成长与提升自我能力的机会。

破局解读

在人生的棋局中，每个人都是自己命运的破局者。当面临困境与挑战时，真正的破局者懂得在逆境中隐忍，以此作为厚积薄发的序曲。他们都是在失败与挫折面前不轻言放弃的勇者。他们深知，每一次的跌倒都是通往成功的必经之路，因此选择以坚韧不拔的精神，默默承受，积蓄力量。这种隐忍，并非是对现实的妥协，而是对未来可能性的深刻洞察与把握。

在隐忍的过程中，破局者并不孤单。他们利用这段时间，不断地学习、成长、反思，如同磨刀霍霍，只为在关键时刻亮出最锋利的一剑。他们积累知识，丰富经验，提升能力，不断完善自我，为即将到来的挑战做好充分的准备。

时机成熟时，破局者会毫不犹豫地采取行动。他们凭借深厚的积累与敏锐的洞察力，精准地找到问题的症结所在，并以雷霆万钧之势一举破局。他们的成功，不仅仅是运气的眷顾，更是长期隐忍与厚积薄发的必然结果。

破局故事一

我们经常用卧薪尝胆这个成语来描述勤奋努力的精神。越王勾践无疑是一个能屈能伸的典范。然而，有人评价他是古今第一位阴谋家，是通过阴谋诡计才使越国重振旗鼓的。

在春秋时期，各个国家之间经常为了争夺地盘打仗。公元前496年，吴王阖闾带兵去和刚当上越王的勾践打仗，结果吴王输了，连他自己也中箭死了。吴王死后，他的儿子夫差继承了他的王位。夫差吸取了父亲的教训，加强军队训练，只用了三年就让吴国变得非常强大。

公元前494年，吴王夫差为了给父亲报仇，起兵攻打越国。两军在夫椒这个地方交战，结果这次越国输了，勾践只能带着剩下的士兵逃到会稽山。但夫差并没有放过他们，包围了会稽山。这时，勾践的谋士范蠡建议他暂时先向吴国低头，请求和谈。

于是，勾践派文种去吴国求和。文种对吴王夫差非常恭敬，还说勾践愿意做吴国的臣子。但吴国的伍子胥看穿了勾践的意图，拒绝了和谈。在绝望中，文种发现吴王很喜欢美女，于是勾践就送了一个非常美丽的女子——西施给吴王。

勾践和他的妻子被送到吴国后，生活变得异常艰苦。他们穿着破旧不堪的粗布衣服，日子过得很是艰难。勾践每天都要给吴王夫差养马驾车，而他的妻子则像仆人一样，每天清早就要起床打扫灰尘，保持马厩的整洁。勾践尽职尽责地做了两三年的“马夫”。夫差看到勾践如此恭顺，认为他可能已经完全失去了斗志，想要释放他回越国。于是，勾践终于有了返回越国的机会，这也为他日后成为一代霸主埋下了伏笔。

回到越国后，勾践依然铭记着范蠡曾经讲述过的那些英雄人物的故事，如商汤、周文王、晋文公等，他们都是在忍辱负重之后，最终反败为胜，称霸天下。勾践不想忘记自己在吴国当“马夫”的那段屈辱岁月，他决心要洗清这个耻辱。因此，他在自己的房间里挂上了一枚苦胆，每天吃饭前都要尝一下胆汁的味道，提醒自己不要忘记那段苦难经历，继续努力奋斗。

同时，勾践展现出了非常谦卑的态度，深入民众中了解他们的生活状况，并对有才能的人表示出极大的尊重和礼遇，这使得许多德才兼备的人才纷纷前来投奔他。经过二十年的不懈努力和积累，勾践终于完成了他的复仇大业，彻底击败了吴国，成为春秋时期最后一位霸主。

勾践的成功，是隐忍与厚积薄发的完美结合。他用自己的经历告诉我们：在人生的道路上，面对困境与挑战时，我们不应轻易言败，而可以选择隐忍，将痛苦与屈辱转化为前进的动力。在隐忍中积蓄力量，在积累中等待时机，最终定能迎来属于自己的辉煌时刻。

破局故事二

宋濂是元末明初非常有名气的诗文大家。他小时候家里很穷，但他特别爱读书。因为家里没钱买书，他就去有书的人家借，然后亲手把书里的内容抄写下来。宋濂是个特别讲信用的人，他借书总是在说好的时间内还回去，从不拖延。就算天气特别冷，砚台里的水都结冰了，他的手指冻得都弯不了，他也坚持抄书。

为了向那些学识丰富的前辈学习，宋濂经常跑到很远的地方去找老师。老师有时候也会训他，但宋濂总是恭敬地站在旁边，等老师不生气了，再继续请教。有一年冬天，大雪下得特别大，他顶着风雪走了很远去求学，脚都冻裂了。到了地方，他冷得都动不了了。

因为家里穷，宋濂每天只能吃两顿饭。他的同学们穿的都是华贵的衣服，戴着珠宝，而宋濂只能穿破旧的衣服。但他并不觉得自卑，因为读书能让他快乐。他的文章也逐渐写出了名。在元朝末年，当朝就曾荐授他为翰林编修，但他以家中奉养老人为由而没有去赴任。

明朝建立后，朱元璋慕其名而征聘他到南京，让他给太子讲经。此后，宋濂历任过元史修撰总裁、国子司业、侍讲学士等职，最后官至翰林学士承旨，知制诰，礼部主事，主持制定过明代礼乐宪章。

宋濂晚年写下了《送东阳马生序》，详细记叙了自己年少时艰难求学的岁月。从这篇文章中，我们可以找到宋濂成功成名的真正秘诀——肯吃苦。宋濂虽然出身贫寒，学习环境极差，但他从未被这些困境所击垮。相反，他勇敢地接受并面对这些现实。他深知，贫穷并不能决定一个人的命运，只有通过不懈的努力和追求，才能找到属于自己的机会和出路。在面对老师的不屑一顾甚至训斥时，宋濂并未因此放弃求知的渴望。他放下了可能令人难以承受的自尊心，摆正了学习的姿态，厚着脸皮继续向老师请教。他心里很清楚，白眼根本不算什么，学到知识提升自我才是正道。

较之宋濂，我们的学习环境与其是天差地别。因此，当我们遭遇生活中的不公和困难时，不应抱怨和放弃。我们应该像宋濂一样，勇敢地接受现实，并积极地寻找自己的机会和出路。只有这样，我们才能在逆境中不断成长，最终实现自己的人生价值。

隐蔽锋芒，避免无端的祸害

破局思维

在《道德经》中有“挫其锐，解其纷；和其光，同其尘，是谓玄同”。主要意思是：“挫去人们的锋芒，解脱他们的纷争，收敛他们的光耀，混同他们的尘世，这就是深奥的玄同。”如果一个人锋芒太露，自恃有才而狂妄自大、目中无人，那结果就不尽如人意了。

破局解读

当一个人事业成功、生活顺利时，很容易变得过于自信，甚至有点自负，喜欢炫耀自己的能力和成就。如果不知道收敛，总是过分展示自己的聪明和机智，甚至过于强势，与人争斗，这往往会得罪身边的人，包括同事、领导、朋友和家人，最终引发别人的嫉妒和诋毁，导致自己的声誉受损，甚至可能失去原本拥有的成功和地位。

相反，如果一个人能够保持内敛，即使拥有大智慧也表现得像普通人一样，不轻易显露自己的才华，那么哪怕身处险境也能装傻充愣，保全自己，同时也为未来的成功打下基础。这种韬光养晦、内敛低调的做法，实际上是一种明智的自我保护方式，能够让人在复杂的人际关系和竞争环境中保持清醒和冷静，避免不必要的麻烦和风险。因此，学会内敛、保持低调，是一种值得推崇的破局智慧。

破局故事一

三国时期的荀攸，身为曹操的得力谋士，以其卓越的政治智慧和人际交往能力著称。他深谙自谦之道，与人为善，擅长在复杂的人际往来中保持和谐，同时又能巧妙地隐藏自己的锋芒。在协助曹操征战天下、筹划军机的岁月里，荀攸凭借自己的智谋屡建奇功。

荀攸身处政治漩涡的中心，但他总能游刃有余地处理各种复杂的上下级关系。在激烈的人事竞争中，他始终能稳操胜券，立于不败之地。这主要归功于他秉持的“功高不可震主，锋芒不可凌人”这一处世原则。

荀攸在献策时，常常故意留下些许瑕疵，让曹操指正，以此表达对曹操的尊重，同时也巧妙地避免了因功绩过高而引发主上的猜忌。获得封赏时，他从不自矜自夸，而是将功劳归功于整个军队，表现出高度的谦逊和团队精神。面对好友的询问，他也只是轻描淡写地表示自己的贡献微不足道，从而避免了引起他人的嫉妒和诋毁。

正是由于荀攸这种谦逊谨慎的处世哲学和智慧，使他在疑心极重的曹操手下安然度过了二十年，始终受到曹操的宠信和倚重。他与曹操关系融洽，从未受到过任何谗言陷害。

通过这个故事，希望大家知道，有才华是件好事，但绝对不能总是显摆自己。如果总是炫耀自己的才能，就会让别人觉得被压制，产生嫉妒心理。这样一来，很容易引来别人的反感，甚至可能会因此遭受攻击，甚至让自己陷入困境，丢掉好不容易获得的地位和建立的事业。所以，隐藏自己的锋芒，低调行事，是非常必要的。

破局故事二

在东魏孝静帝时期，和安在皇宫里侍奉皇帝。他特别会察言观色，很会揣摩别人的心思，因此孝静帝对他非常赏识。

有一天晚上，孝静帝和一些有学问的大臣们聊起了天文，他让和安去看看北斗七星中斗柄的位置。

和安出去看了后，回来却面带愧色地说："陛下，微臣实在是不认识北斗星。"孝静帝和大臣们都很惊讶，因为北斗七星是最容易辨认的星星之一，稍微有点知识的人都会知道。但和安真的不认识吗？

实际上，和安知道当时朝廷的大权都在丞相高欢手中，孝静帝只是个名义上的皇帝。而古代人们认为天象和人事是有关联的，通过研究天文可以预测人事的变迁。孝静帝和大臣们研究天文，可能让高欢觉得他们是在暗示要恢复皇帝的权力，削弱他的地位。因为北斗星在古代天文学中，常常与丞相这个位置有所关联。

和安意识到这一点后，宁愿被大家嘲笑为"无知"，也不愿因为表现得太聪明而惹来杀身之祸。结果，他因为这样的"无知"反而得到了高欢的赏识，认为他淳朴厚道，后来还提拔他做了仪州刺史。

像和安这样，明明知道某件事或某个情况，但他故意装作不知道或没看见。简单来说，就是明明心里清楚得很，却故意装糊涂。这种做法，其实是一种策略，一种在特定情境下的应对方法。

举个例子来说，如果你不小心知道了一些你不应该知道的秘密，而这些秘密可能会给你带来危险，那么为了保护自己，你可以选择"明知故昧”，也就是装作不知道这件事，不去提及它，从而避免可能会出现的麻烦。又或者，在某些场合，为了达到某种目的，你可以选择“明知故昧”。比如，你可能知道某个人的真实意图，但为了让他放松警惕，你可以选择装作不知道，然后趁机采取行动。

水至清则无鱼，凡事不能太苛刻

破局思维

《大戴礼记》中讲述了子贡询问孔子关于如何为官的智慧的故事。孔子回答时，说了这样一句富有哲理的话：“水至清则无鱼，人至察则无徒。”用更直白的语言来解释这句话就是：如果水太清澈了，那么就没有鱼能在里面生存（因为这样的环境对鱼来说太苛刻了，找不到遮蔽和食物）；同样地，如果一个人过于明察秋毫，对人对事都极其挑剔和苛求，那么他可能就很难有朋友或者追随者（因为没有人能够在这样的严格要求下轻松自如地与他相处）。

破局解读

人的底线，其实就是我们每个人在行动和决策时所遵循的最基本原则。这个底线应当与社会运行的规则相契合，同时也必须基于每个人的良心。它既不能定得太高，也不能设得太低。

虽然每个人的价值观可能有所不同，但有一些基本的道德准则是我们必须共同遵守的。如果一个人的底线太低，比如说为了钱可以做任何事，为了名利可以说任何话，那么这个人就失去了基本的道德底线，我们称之为“无底线”。这样的行为往往会损害社会的公平和正义，伤害他人的感情和利益。

然而，底线也不能设得太高。如果一个人的底线过高，就像水太清澈就没有鱼一样，他在复杂多变的社会生活中可能会显得格格不入，以至于其他人都不敢接近他，那么他的底线就失去了实际的意义，成为一个摆设或者“吉祥物”。因此，我们在设置自己的底线时，需要找到一个平衡点，既要坚守基本的道德准则，又要考虑到社会的实际运行和人际交往的需要。这样才能在维护自己原则的同时，也赢得他人的尊重和信任。

破局故事一

班超，东汉之杰出军事家与外交家，曾任西域都护，获封定远侯，世人尊称“班定远”。在汉明帝治下，他奉命出使西域长达三十余年，无疑是东汉时期经营西域的杰出代表。在此期间，班超平定了西域的叛乱，使东汉重新确立了在该地区的统治地位。他对打通中西交通孔道、确保丝绸之路的畅通无阻、推动中西经济文化的交流、促进民族之间的融合，以及推动统一多民族国家的发展，均作出了巨大且不可磨灭的贡献。

然而，随着年岁的增长，班超心中思乡之情愈发浓烈，遂上书请求返回故土。于是，汉和帝便派遣中郎将任尚前往西域接替班超的职务。

新人接替老人，肯定有诸多事宜需要交接。在交接时，任尚便请教班超，与这些西域人打交道，都需要注意些什么。班超特别跟任尚说：“西域这个地方与中原不同，管理不能太过细致，得抓大放小，就是大事要管，小事就放宽点。你性子比较急，这点一定要注意。”

但任尚不以为意，觉得班超说的都是废话：“我还以为班超会有什么特别的建议，没想到就这么简单。”

任尚对这些建议不以为意，他到了西域后，就采用严刑峻法来管理下属和处理西域各国的纷争。结果上任仅四年，西域便陷入了混乱，纷纷起兵反抗。最终，朝廷对任尚进行了严惩。直至班超之子出征，汉朝才与西域各国恢复了和睦关系。

班超驻守西域三十多年，深知自己的底线就是维护边疆安定，为大汉镇守一方。西域的情势复杂多变，几乎每天都有这样那样的事情发生，在为人处世上，班超奉行的是凡事不操之过急，凡事简易，多做减法，不要斤斤计较，不能抓着下属的小过不依不饶，把心思用在路线、方针、政策等大事上就行了。如果班超事事都要按照制度来管，事事都要严格要求，恐怕十个班超也忙不过来。

破局故事二

春秋时期，诸侯国之间战事频发。某次，楚庄王在名将养由基的辅佐下，成功地平息了一场叛乱。为了庆祝这一胜利，楚庄王举行了盛大的宴会，宴请了所有官员以及他最钟爱的妃子们。宴会上，众人欢声笑语，载歌载舞，把酒言欢，气氛十分热烈，以至于夜幕降临之际，众人依旧兴致高昂。因此，楚庄王下令点燃蜡烛，以延续这场盛大的宴会。

他还特别安排两位最受宠爱的妃子——许姬和麦姬，去给大家敬酒。然而，就在这个时候，一阵大风把蜡烛都吹灭了。黑暗中，有一个官员大胆地拉住了许姬的手。许姬挣脱之时扯下了这个人帽子上的一条缨带。

许姬回到楚庄王身边，想让楚庄王找出这个无礼的人。楚庄王却让大家都把帽子上的缨带摘掉，然后再点蜡烛。大家都照做了，宴会继续，最后大家高高兴兴地结束了。

事后，许姬觉得楚庄王没有为她出头，很不满。楚庄王解释说，举办宴会的目的是让大家开心，不要为了小事影响大局。许姬这才明白楚庄王的用意。

这就是历史上著名的“绝缨之宴”。几年后，楚庄王攻打郑国，有个叫唐狡的将军特别勇猛，帮助楚国取得了胜利。战后，楚庄王要奖赏他，他却说不要。原来，他就是当年宴会上拉许姬手的那个人，他这么做是为了报答楚庄王当年的宽容之恩。

人都是不完美的，每个人都会犯错。如果我们总是因为别人的一点点小错误就记恨在心，斤斤计较，对别人过于苛刻，那怎么会有人愿意和我们成为朋友或者追随我们呢？

想象一下，如果楚庄王在宴会上对唐狡的小错误毫不留情，那唐狡可能早就丢了性命，也不会有后来他为了报答楚庄王的恩情而拼命战斗的事情了。这样的话，楚庄王的伐郑大业可能也不会那么顺利。

人都有优点和缺点，有时候我们看不见或者听不到一些事情。如果我们总是对每件事都斤斤计较，对别人非常苛刻，那么最后我们可能一个朋友都没有，也没有人愿意帮我们。

所以，我们在与人相处时，应该看重别人的优点，宽容别人的小错误。这样我们才能赢得别人的心，交到更多的朋友。古人说“难得糊涂”，就是说在处理事情时，不要过于极端，要有度，有时候知道但不说破也是一种智慧。

忍辱负重，静待发展时机

破局思维

自古以来，成就卓越者必然经历过风雨洗礼和重重磨难。王阳明深谙此道，他提出“能下人，是有志”的观点，意指有志向的人能够放下架子，甘愿承受屈辱。

同样，古人也强调：“能够忍受他人所不能忍受的，方能做出他人所不能做到的事。”这进一步凸显了忍辱负重的重要性，它不仅仅是一种应对挑战的态度，更是一种展现智慧与能力的体现。忍辱负重并非意味着无原则的退让，而是基于对整体形势的深刻理解和对目标的坚定追求。

破局解读

忍辱负重并不意味着我们要一直忍受和退缩。实际上，它是一种积极面对困难的方式，是在困难中找到成长和突破的机会。在忍受屈辱的同时，我们需要保持清醒的头脑，不断寻找机会和突破口。这样，我们才能在逆境中不断成长，最终实现自己的目标。

在现代社会，忍辱负重同样非常重要。在竞争激烈的职场中，我们会遇到各种挑战和困难。只有那些能够忍受孤独、失败和批评的人，才能在职场上走得更远、更稳。同时，忍辱负重也能让我们在处理人际关系时更加从容和淡定，避免因为冲动而做出错误的决定。

但是，我们也要小心，过度的忍让和退缩可能会让我们失去自己的原则和底线。所以，在学会忍辱负重的同时，我们也要保持清醒的头脑和坚定的信念，不被外界影响。

破局故事一

汉初三杰中，最后只有张良全身而退。刘邦曾说“运筹帷幄中，决胜千里外，子房功也”。足见刘邦对其的赞赏。苏轼在《留侯论》中提到，刘邦之所以能胜，项羽之所以会败，关键在于一个“忍”字。项羽就是因为不能忍，虽然打仗勇猛无比，最终却失败了。而刘邦能忍，保存实力，等待最佳时机，这都是得到了张良的教导。

张良青年时期，曾在江苏邳城圯桥附近偶遇了一位叫“黄石公”的老人。第一次，老人故意把鞋子踢到桥下，然后让张良去捡。张良当时很惊讶，甚至有点想教训这个老人，但他忍住了。他看老人年纪大，就耐着性子去桥下把鞋子捡了上来，还跪在地上帮老人穿上了鞋。老人看到张良这么有耐心，就很高兴地说：“你这个年轻人不错，可以教。”然后他就约张良五天后再次相见。

五天后，张良准时去了，但老人却责怪他迟到了，并更改了见面的时间。张良虽然有点生气，但他还是忍住了，按照老人的要求重新约定了时间。

经过这样几次的考验，老人终于认可了张良的忍耐力和毅力，于是他把一本非常重要的兵书传给了张良。经过这次因为忍耐而得到兵书的奇遇，张良深深地体会到了“忍”的重要性。这次经历让他终生难忘，他将“忍”字作为自己生活和教导他人的座右铭。

张良的忍耐并非消极地逃避，而是一种深思熟虑的策略，旨在等待最佳的时机，以达到一击必中的效果。当刘邦与项羽商议分头进军关中的计划时，刘邦原本计划全力以赴攻取关中，但张良经过深思熟虑后劝谏道：“秦国军队仍具备强大的实力，我们不宜轻率行动。”他建议刘邦暂且忍耐，避免与秦军正面交锋，以策万全。

张良的策略是先保存实力，然后等待时机。他通过重金买通了秦国的将领，使其叛变。当秦军的士气低落，军心不稳时，张良和刘邦便趁机发动进攻，一举夺下了关中。

张良的“忍”并不仅止于简单的忍耐，它是与“狠”相互交织、相辅相成的。当面对逆境时，他能够坚决地选择“忍”，承受住压力，克制住冲动；而当机遇降临之际，他又能果断地狠下心来，紧紧把握住战机。这种能力在政坛和商界中均至关重要，然而往往说起来简单，实践起来却颇具难度。许多人在关键时刻难以自制，导致了整体的混乱。然而，张良却能够既忍得住，又狠得下心。这正是他能够稳操胜券的关键所在。除了这种忍耐与果断之外，张良在把握时机和因势利导方面亦有着非凡的造诣。

同时，在践行“忍”的同时，张良的内心淡泊，鲜少被私欲所羁绊，能够保持冷静的头脑，不为眼前的短暂利益所动摇。这种冷静使他能够客观地审视和分析局势，预见更远的未来，思考更为深入的问题。如同棋艺高超的棋手，他能够预见到对手数步之后的棋局变化，从而轻松取得胜利。

除此之外，张良无论行事还是待人接物，都秉持着真诚和无私的原则。即使他展现出忍耐的一面，也绝不会让人感到阴险；即使他展现出果断和狠辣的一面，也绝不会让人感到恶毒。因此，他深得刘邦的信任，从未被猜忌，最终笑到了最后。

破局故事二

战国时期，诸侯纷争不止。有一次，齐国对宋国发动了进攻，为了支持齐国，燕昭王派遣了使臣张魁带领燕国的士兵前去助战。然而，令人震惊的是，齐王竟然杀害了张魁。燕昭王得知这个消息后，愤怒异常，他召集官员们商议，并决定立即出兵攻打齐国，为张魁讨回公道。

大臣凡薪得知了这个决定后，急忙求见燕昭王。他直言不讳地对燕昭王说：“我曾以为您是位贤明的君主，因此才愿意成为您的臣子。但现在看来，您并非如我所想。因此，我决定辞去官职，不再做您的臣子。”

燕昭王被凡薪的话震惊了，他疑惑地问：“你这是什么意思？”

凡薪回答道：“在松下之乱时，我们的先君被俘受辱，您为此深感痛苦。但您选择了侍奉齐国，这是因为我们当时的国力不足。然而，如今张魁被杀，您却决定出兵攻打齐国，这岂不是将张魁看得比先君还要重要？”

凡薪建议燕昭王停止出兵，他给出了一个解决方案：“您应该穿上丧服，离开王宫到郊外去居住，以示哀悼。然后派遣使臣到齐国去，以客人的身份向齐王道歉。您可以这样说：‘这都是我的过错。大王您是贤明的君主，怎么会随意杀害诸侯的使臣呢？只有燕国的使臣张魁被杀害了，这说明我们在选择使臣上不够慎重。现在，我希望能更换使臣，以示我们的诚意和歉意。’”

燕昭王经过深思熟虑后，采纳了凡薪的建议。他派遣了新的使臣前往齐国。当这位使臣到达齐国时，齐王正在举行盛大的宴会，许多近臣、官员和侍从都在场。齐王让燕国的使臣进来，使臣按照凡薪的指示，向齐王表达了燕王的歉意和请求。

使臣说完后，齐王为了炫耀自己的威严和力量，要求使臣重复了一遍。于是齐王就派出地位低微的使臣去告诉燕王，让燕王返回王宫居住，表示宽恕燕王。

燕昭王明白，要想真正强大起来，不能仅凭一时的愤怒，而是需要积聚力量，招揽人才。燕国地处偏远，人才匮乏，这让燕昭王非常着急。大臣郭隗给燕昭王出了一个主意，他建议燕昭王以高价购买千里马的骨头，以此来向天下人展示燕昭王对人才的渴求和尊重。郭隗说，如果他这样的平庸之辈都能得到燕昭王的重视，那么天下真正有才能的人一定会慕名而来。

燕昭王听从了郭隗的建议，开始大张旗鼓地招揽人才。他尊敬郭隗，给予他很高的奖赏和官位，以此来向天下人表明自己的决心。果然，不出三年，各地的贤才纷纷来到燕国，为燕昭王出谋划策，改革国政。

随着人才的不断聚集，燕国逐渐变得兵强马壮，国力强盛。这时，燕昭王认为时机已经成熟，于是决定出兵攻打齐国。最终，在济水一带，燕国战胜了齐国，实现了燕昭王的复仇计划。

如果当初燕昭王没有听从凡薪和郭隗的建议，而是逞一时之气，匆忙攻打齐国，那么燕国很可能会因为准备不足而遭受惨重的损失，甚至可能亡国丧生。

当我们面对生活中的困难和挑战时，有时直线前进可能并不是最佳选择。相反，采取一种曲线式的生存方式可能更为明智。比如，当我们遇到障碍无法直接前进时，适当后退、改变策略，可能会帮助我们更顺利地解决问题。

老子说："曲则全，枉则直，洼则盈，敝则新，少则得，多则惑。"这句话告诉我们：有时暂时妥协、避开锋芒，反而能保全自己；看似弯曲的路径，最终可能通向更直的目标；低洼处才能积水成渊，破旧的东西经过改造可以焕然一新；不贪心、不追求过多，反而能有所收获；而贪得无厌只会让自己陷入困惑和烦恼。

这并不是说我们要放弃努力或采取失败主义的态度，而是要学会运用一种更灵活、更柔韧的策略来面对生活。这就像弹簧一样，当它受到压力时，会暂时收缩起来，而一旦压力消失，它就会迅速恢复原状，甚至反弹得更高。这就是以柔克刚、以退为进的智慧所在。

君子不立于危墙之下

破局思维

“君子不立于危墙之下”，这是因为站在这样的墙下，随时可能遭遇无法预料的危险，比如墙体突然坍塌导致的伤害。简而言之，它意味着一个品德高尚、具备教养的人，不会置身于危险旁边。这句话实则是在告诫我们，一个具备道德修养与智慧的人，应当具备自我保护的意识，避免使自己陷入可能带来困扰或危险的境地之中。

破局解读

“君子不立于危墙之下”出自《孟子·尽心上》，强调的是一个有德行、有智慧的人应当具备的自我保护意识和对潜在危险的警觉性。这句话并不仅仅是指物理上的安全，如避免站在快要倒塌的墙下，它还蕴含了更深层次的意义。

在人际关系和道德层面，这句话告诉我们，一个真正的君子会主动远离那些可能损害自己品格和道德操守的环境。他们懂得与不良行为或不良人群保持距离，这是维护自己道德底线的重要一环。

我们要时刻提醒自己不要陷入那些可能让自己受到道德或身体上伤害的危险境地。面对实际存在的危险，我们自然会选择避开；但生活中还有许多无形的、难以察觉的“危墙”，如不良诱惑、错误观念等。如果我们不能保持清醒的头脑，主动去规避这些危险，就可能会像飞蛾扑火一样，最终受到伤害。因此，我们应该时刻保持警觉，用智慧和勇气去规避生活中的各种“危墙”。

破局故事一

汉高祖刘邦一共兄弟四人，刘邦排行第三,四人中其弟刘交的文化程度最高。刘交少年时就喜欢读书，多才多艺，曾到荀子门徒下学习《诗经》。刘邦当上皇帝后，待这位四弟也不薄，封他为楚王。刘交赴任之后，将自己的三个同窗申公、穆生和白生任命为中大夫，礼敬有加。

在刘交的三位同窗之中，穆生不喜好饮酒。因此，每逢宴饮之际，刘交总会特意为穆生准备甜酒，以示尊重和关怀。刘交去世后，其子亦承袭了这一习惯，继续对穆生礼遇有加。

然而，当刘交的孙子刘戊继承楚王之位后，起初也时常特意准备甜酒，后来就渐渐忘记了。穆生很快察觉到了这种变化，并感到内心不安。他叹息道:“看来我该离开了。楚王现在不再为我准备甜酒，这明显是对我的怠慢。如果我继续留在这里，恐怕早晚会遭遇不测。”

于是，穆生开始以生病为借口，长时间卧床不起。申公和白生两人都劝他说:“你难道忘了我们与‘老同学’之间的深厚情谊吗？现在的楚王可能只是一时疏忽，你又何必这么决绝呢？”

穆生却坚定地回答:“你们读过《易经》吗？里面有一句话叫‘知几其神乎’，意思是说要懂得抓住事情的苗头。这苗头就是事情变化的预兆。聪明的人应该及时发现这些预兆，并果断采取行动，而不是等事情发生后再去应对。楚元王昔日之善待，乃因其心中存有道义；而今之怠慢，则表明其内心已失道义。追随如此之人，终将遭遇不幸。岂能因表面之礼节，而置自身于险境之中？”

果然不出穆生所料，刘戊后来变得越来越荒淫残暴。穆生一看形势不妙，就果断地离开了楚国。而申公和白生却留在刘戊身边，没有意识到即将到来的危险。

后来，刘戊因为在为去世的薄太后服丧期间还饮酒作乐而被人告发，汉景帝一怒之下收回了他的东海郡。刘戊因此心生怨恨，所以当吴王刘濞起兵谋反时，他可谓是“踊跃报名”。

当刘戊决定起兵时，申公和白生都劝他不要这么做，但刘戊根本不听，反而把他们两人抓起来，穿上红色的囚服，用绳子拴着让他们在大街上舂米。直到这时，申公和白生才后悔没有早点听穆生的话离开。

其实穆生所说的刘戊缺乏道义只是表面现象。他明白作为一个地位特殊的藩王即使再小心谨慎也很难保全自己。像刘戊那种嚣张跋扈、肆无忌惮的行为简直就是自找死路。穆生能够及时发现苗头不对，可谓是践行“君子不立于危墙之下”的典范。

破局故事二

孔子在五十六岁那年，担任了鲁国的代理宰相。在短短的三个月里，他推行仁政，使国家治理得井然有序，鲁国也逐渐强大起来。然而，这也引起了邻国齐国君主的不安，担心鲁国的强大会威胁到自己的地位。

于是，齐国君主想出了一个计策，他送给鲁国君主一些美女和大量的珍宝。鲁国君主看到美女和珍宝，高兴得无法自已，每天沉迷于吃喝玩乐之中，完全忽视了国家大事。

孔子看到这种情况，心中非常焦急。他知道这些美女和珍宝并非无缘无故赠送来的，齐国君主的目的是想让鲁国君主沉迷于享乐，荒废朝政，从而使鲁国逐渐衰弱。而且，孔子还担心这些美女吹“耳边风”，那可能自己就性命不保了。

因此，孔子觉得这个地方太危险了，不能再继续待下去。他收拾好行李，就去了卫国。在那个时代，危险的事情层出不穷，孔子知道必须尽快离开。

在卫国待了十个月之后，孔子又想去投奔赵简子。但当他听说赵简子杀了两位重要的臣子窦鸣犊和舜华后，他又觉得赵国也不安全，于是又回到了卫国。后来，孔子又到了陈国，他在陈国也遇到了类似的情况。他总是能提前察觉到危险，然后及时离开。

孔子可谓是“君子不立于危墙之下”的积极践行者。同时给我们的启示是，要远离那些可能给我们带来危险的地方。既然已经看见危险的端倪，我们就要立马有所行动，而不是等危险完全出现，再有所动作，那样就为时已晚了。

要有扮猪吃老虎的隐忍

破局思维

在面对强于自己的对手或困境时，采取低调的策略，隐藏自身实力，是一种审时度势、隐忍待机的明智之举。这种做法能够使我们规避许多不必要的冲突与纷争，从而更加有效地维护自身利益。正如《孟子》有言：“国家有难，智者藏，经有难，智者以其智立。”在逆境中，智者倾向于隐匿其才智，运用智慧应对危机与挑战。

破局解读

“扮猪吃老虎”这句话其实讲的是一种非常古老的捕猎技巧。想象一下，古代的猎人们，他们并不直接面对凶猛的老虎，而是选择了一种巧妙的方式。他们会假装成猪，学猪叫，吸引老虎的注意。当老虎以为自己找到了一顿容易到手的美食，靠近他们时，猎人就会发动攻击，给老虎来一个突然袭击。

在现代社会里，这种策略依然有效。真正有头脑的人，不会一开始就展露自己的全部实力。他们可能会选择隐藏自己，表现得像是弱者，或者甚至是有点笨笨的样子。他们这么做，是为了让对手放松警惕，觉得他们好对付。但是，一旦到了关键时刻，他们会突然展现出自己的真实实力，给对手一个措手不及。

《菜根谭》中提到："君子之才华玉韫珠藏，不可使人易知。"这句话的意思是，真正有才华和修养的君子，他们的才华就像被藏在玉石和珍珠里面一样，不会轻易让人察觉。真正聪明的人，除了那些大家都知道的优点之外，很多时候还会故意表现出一种看似傻气的样子。但这种傻气并不是他们真的傻，而是他们刻意为之，是他们在为人处世时展现的一种大智慧。

需要注意的是，具备"扮猪吃老虎"特质的人，往往都是"狠角色"。他们知道如何在适当的时候隐藏自己的实力，避免引起别人的嫉妒和敌意。同时，他们也能在关键时刻展现出自己的真实能力，给人一个惊喜。

相反，如果一个人总是到处炫耀自己的才干和能力，那么他很容易会引来别人的嫉妒和攻击。这样一来，他不仅无法发挥自己的优势，反而可能会给自己带来不必要的麻烦和灾祸。

破局故事一

李忱，原名李怡，出生在唐宪宗元和五年。从小，他就不太爱说话，给人一种"呆呆傻傻"的感觉。但实际上，他的这种"傻气"并不是真的，而是他的一种生存策略。

在皇宫里，大家都为了权力、地位明争暗斗。李忱的母亲郑氏出身低微，只是一个侍女。她非常明白皇宫里的斗争有多么可怕，所以她告诉李忱，要想在这个地方生存下去，就要学会隐藏自己，不要让人看出你的真实想法。

在李忱成长的岁月里，宫斗从未停止过。其中，郭贵妃以其深沉的心机和勃勃的野心而著称。她极力谋求其子李恒能够稳固地继承太子之位，因此不择手段，甚至不惜涉足两起骇人听闻的宫廷命案。这两起命案使得整个皇宫笼罩在恐怖与不安的氛围之中，也让李忱及其母亲郑氏深感前所未有的危机。他们深知，唯有保持低调，方能在这场生死博弈中幸存。

年幼的李忱曾做了一个很特别的梦。在梦里，他变成了一条龙，能自由自在地在天上飞。这个梦让他非常激动，他觉得自己的未来会非常美好。当他开心地告诉母亲郑氏这个梦时，郑氏却非常担心。她告诉李忱，皇宫里很小的事情都可能引起大麻烦，甚至可能让人丧命。所以，这个梦绝对不能告诉其他人。于是，李忱就决定把这个特别的梦藏在心里，不再和别人分享。他继续过着被人们认为是“傻子”的生活。

李忱在宫廷中所呈现的“傻子”形象逐渐深入人心。甚至在宫廷盛宴上，即便唐文宗与其他高官对他讥讽嘲笑，他亦能维持其沉默，真像什么都不懂似的。然而，这一切并未能逃过唐文宗的弟弟李炎的洞察。

李炎，即后来的唐武宗，对李忱抱有强烈的疑虑。他始终觉得，李忱的沉默并非因为无知，而是隐藏着深不可测的计谋。为了印证自己的推测，上位后的唐武宗多次试探，甚至企图将李忱置于死地。然而，每一次，李忱都能巧妙应对，化危为安。

公元846年，唐武宗离世，整个宫廷乱成一团。这时，宦官邱公武等人认为李忱比较好操控，于是让他登基做了皇帝。李忱登基后，把名字由李怡改为李忱，就是后来的唐宣宗。

尽管李忱仍然保持着那个“傻子”的样子，对宦官马元贽和邱公武表现得非常尊敬，但实际上，他早已经在心里做好了打算。他并没有真的信任这些宦官，而是在暗中准备，等待一个合适的时机，把属于自己的皇权夺回来。

在即位之初，李忱利用宦官们之间的矛盾，先把政敌李德裕给除掉了，这样宫廷里就少了很多麻烦。他还告诉大家，前朝的皇帝唐穆宗和他的后代继位不正，所以就把他们的牌位从太庙里移除，从而确立了自己无可争议的正统皇帝地位。

稳定了皇位后，李忱下狠心整治了宦官集团，让他们的权力大大减弱，确保了皇权的稳固与集中。这一系列果断的举措不仅巩固了他的统治，也为后续的治国理政铺设了坚实的基石。

在位期间，唐宣宗展现了其非凡的治国之才。他着力于整顿官场秩序，强化法纪的严肃性，使得官场风气焕然一新，官员们皆能恪尽职守，公正廉明。同时，他深切关心百姓的疾苦，积极减轻民众的赋税负担，为百姓创造了更为宽松的生活条件，从而推动了社会经济的恢复与发展。

真正有智慧的人，就像李忱那样，懂得在不利的环境下默默积累力量，等待最佳时机。他沉默了几十年，装傻了几十年，不是因为他懦弱无能，而是因为他懂得什么时候应该保持冷静，什么时候应该采取行动。那些不考虑实际情况，只知道一味冲动的人，其实并不是真正的勇敢，而是鲁莽。

李忱就像一条在唐朝宫廷中冬眠的蛇，感受到危险就静静地待着，一动也不动。不管别人怎么欺负他，他都能忍住。但当他觉得时机成熟时，他就会像闪电一样迅速出击，直接达到目标。

破局故事二

司马懿，被称为“冢虎”，就是说他是那种躲在石头墓里、等机会冲出来的猛虎。

司马懿年轻时其实也很喜欢表现自己，但他后来变得特别会隐藏自己。这个“藏”的本领，是一个不太好的人教给他的。

司马懿在十四岁的时候，和周生一起在洛阳跟随有名的老师胡昭学习。周生比司马懿年长几岁，他在胡昭的指导下，已经在洛阳享有盛誉。然而，司马懿后来崭露头角，无论是在讨论国家大事还是演练排兵布阵上，他总能超越周生。年轻的司马懿非常喜欢在别人面前展现自己的才华，经常发表各种独到的见解。洛阳太守曾经对周生说：“司马懿非常聪明，做事果断，且相貌英俊，你确实比不上他。”

听到大家开始把洛阳的才子从周生换成司马懿，周生就越来越生气，甚至花钱找了一些坏人，想要害司马懿。好在胡昭一直劝阻那些人，司马懿才没有被害。经此一事，司马懿明白了“木秀于林，风必摧之”的道理，不再锋芒毕露。

纵观司马懿的一生，就是一个苦熬的过程。年轻的时候，他得忍受曹操的猜疑和试探；中年时，他和诸葛亮斗智斗勇，每次都小心翼翼；到了晚年，曹爽又一直打压他，随时随地都想要他的命。他的人生，仿佛一直在走钢丝，稍有不慎就会掉入万丈深渊。

太和四年，诸葛亮率领大军北伐，势如破竹。曹叡任命司马懿为大将军，让他去和诸葛亮对峙。一开始，司马懿吃了亏，头盔都被抢走了。从那以后，他采取“守”的策略，任凭蜀军怎么挑衅，他都不为所动。

司马懿常说，打仗得先学会怎么输，输了也不觉得丢脸，这样最后才能赢。他就是凭着这种“熬”的精神，最终获得了曹魏朝中的大权。

景初三年，魏明帝曹叡去世，司马懿和曹爽一起辅佐新君。但曹爽仗着自己是皇族，一直排挤司马懿，甚至想要置他于死地。面对这种情况，司马懿只能装病，闭门不出。很多老朋友和大臣都来找他，希望他能出山，他都一一回绝了。

后来，曹爽更加嚣张，甚至让司马懿成为有名无实的太傅。但司马懿并没有放弃，他一直在暗中准备，等待机会。他联系了信得过的属下蒋济，通过蒋济了解朝廷内外的最新动态，掌握时局的走向。同时，他让大儿子司马师训练了一支由三千人组成的精锐部队，这些人都誓死效忠于司马氏。这些准备工作都是在暗中进行的，外界几乎没有人知道。

终于，机会来了。公元249年，曹爽带着小皇帝曹芳离开洛阳去祭祖，司马懿趁机发动政变。他先是骗过了曹爽，让曹爽放松了警惕，然后又暗中联络了很多人。直到最后，他才亮出所有的底牌，成功消灭了曹爽集团，史称“高平陵之变”。

司马懿深谙“扮猪吃老虎”这一策略，他以此展现出了极高的智慧和隐忍的性格。他通过这一方法，既有效地保护了自己免受敌人的伤害，又能在条件成熟时，让敌人措手不及，一举取得胜利。

司马懿的“扮猪吃老虎”不仅仅是一种策略，更是他人生哲学的体现。他用自己的行动证明了，只有真正具备智慧和耐心的人，才能在复杂多变的环境中立于不败之地。

做事留余地，不把事做绝

破局思维

有“千古第一完人”之称的曾国藩曾说：“话不说尽有余地，事不做尽有余路，情不散尽有余韵。”在人生的旅途中，既有得意之时，亦难免遭遇失意之境。明智之人往往懂得为自己预留退路，行事不至极致，言辞不穷尽，留有余地，创造空间。此举既是为他人着想，亦是为自我铺设前行的道路。

破局解读

俗话说：“岁月流转，世事变迁，总有求助于人之时。”若将事情做绝，无异于为自己未来之路设下障碍。况且，逼人至绝境，于己亦无裨益。若对方选择决绝反击，双方均将受损，得不偿失。因此，行事需留有余地，给予他人空间。

世间人无完人，各有缺陷，故应秉持宽容之心，不宜紧盯他人短处不放。凡事预留“余地”，旨在日后若有变故，尚可挽回损失。正如书画家创作时的留白，给予观者遐想空间；铺设路面时预留缩水线，以防路面膨胀破裂。同理，为人处世亦应如此。

批评时留有余地，是给予对方改过自新的机会；表扬时留有余地，是激发对方持续进取的动力。古人崇尚中庸之道，极为看重“余地”。留有余地，就是深思熟虑后行动；留有余地，就是有备无患，能屈能伸。

做事留有余地，并非犹豫不决，不敢全力以赴。相反，留有余地，是为了进退自如，给予自己与他人一定的缓冲空间。

破局故事一

在战国时期，冯谖作为齐国贵族孟尝君的门客，被孟尝君派遣到其封地薛地收取税款。

在启程前，冯谖询问孟尝君：“我前往薛地收取税款后，应该带点什么回来？”

孟尝君经过思考，回应道：“你只需观察家中所缺之物，随意购置一些带回即可。”

冯谖抵达薛地之后，对于有能力缴纳税款之人，便要求他们履行纳税义务；然而，对于那些无力缴税之人，他当即免除了他们的税款，并且将他们的借据付之一炬。

当地百姓对此万分感激，他们高呼“孟尝君万岁”，并立誓日后定当竭尽全力效忠孟尝君。

冯谖回来后，立刻向孟尝君详细讲述了他在薛地的所作所为。他坦诚地告诉孟尝君，他没有带回税款，但他觉得他所得到的比税款更宝贵——民众的心。冯谖解释说，民众现在对孟尝君非常感激和忠诚，这比任何税款都更有价值。他希望孟尝君能理解他的决定，不要因此生气。

孟尝君听完冯谖的话，心里非常生气。他本来期望冯谖能带回一笔可观的税款，现在却空手而归，还告诉他民众的心比税款更重要。然而，他也明白，事情已经发生了，再生气也无法改变事实。所以，他只能无奈地接受这个现实。

一年之后，孟尝君被齐王解除了职务，心情沉重地返回薛地。当他到达薛地时，惊讶而又感动地发现当地的百姓纷纷出来欢迎他回来。这一场景使孟尝君受伤的心灵得到了极大的安慰。在这一刻，他终于完全理解了当初冯谖免除税款、收获民心的做法。因此，他立刻召见了冯谖，想要好好地赞扬和感谢他一番。

冯谖郑重地对孟尝君说：“请公子不要高兴太早。目前，薛地虽然已经成为您的根基，但是这仅仅是开始，还远远不够。古语有云‘狡兔三窟’，这样才能确保安全无虞。公子如今仅拥有一个栖身之所，应当迅速筹划并建立另外两个据点，这样才算是上策。”

孟尝君深感冯谖之言甚为有理，遂决定派遣他前往办理此事。

随后，冯谖便去拜见了魏惠王。他首先对孟尝君大加赞赏：“孟尝君真乃非凡之辈！若有国家能重用此人，其国必能迅速繁荣昌盛。”

魏惠王听闻冯谖之言，决定重用孟尝君。

齐王得知此消息后，意识到如此英才不可流失于他国，于是立即派遣使者，将孟尝君重新请回齐国，并任命他为宰相。

冯谖还建议孟尝君：“为了确保您的地位和安全，应该请求齐王将宗庙建在薛地。”

当宗庙建成后，冯谖高兴地告诉孟尝君：“公子，现在您有了齐、魏、薛这三个稳固的根基，可以安心无忧了。”

果然，孟尝君此后都过得十分安稳。冯谖为孟尝君所筹划的“狡兔三窟”之计，实际上就是在为孟尝君铺设后路，为他预留了足够的生存和发展的空间。这样，无论遇到什么困难和挑战，孟尝君都能够有备无患，从容应对。

破局故事二

唐朝中期的宰相卢杞是个出名的奸臣，他排挤陷害了很多忠诚又有能力的大臣和将领。但奇怪的是，郭子仪却非常幸运，未遭其毒手。而这背后，与一次卢杞对郭子仪的拜访有很大的关系。

郭子仪，出身于显赫的官僚世家，自幼便受到严谨而全面的教育。他不仅深入学习了文学知识，汲取了古今中外的智慧，还勤奋修炼武艺，锤炼出强健的体魄。这些经历对他的人生产生了深远的影响，为他日后的成就奠定了坚实的基础。

由于性格正直，郭子仪早年在官场上得罪了不少人，导致了他的兵权被剥夺，成为一名无官无职的平民。尽管如此，他始终坚守自己的道德原则，未曾屈服于权势的压迫。

幸运的是，在晚年，郭子仪的忠诚与贡献得到了朝廷的认可，他被封为汾阳王，退休后过上了富贵生活。

有一天，年老的郭子仪正在家里和几个侍妾开心地聊天，突然接到了意外的消息：御史中丞卢杞要来拜访他。郭子仪一听就知道这次拜访不寻常，他马上让侍妾们都离开，还准备了一桌丰盛的酒菜，用来表示对卢杞的尊重和友好。在招待卢杞的过程中，郭子仪与他谈笑风生，整个氛围都很和谐。

卢杞离开后，郭子仪的儿子郭映对父亲这次的招待方式感到不解。他疑惑地问父亲："您是大唐的汾阳郡王，连皇上都尊称您为"尚父"，为何要对御史中丞卢杞如此礼遇？"郭子仪平静地解释说："卢杞虽然目前官职不高，但他性格刻薄，野心勃勃，手段高明，未来肯定不可小觑。我宁可得罪君子，也不愿得罪小人。"

郭映虽然不太明白，但还是接着问："那为何卢杞来访时，您要让侍妾们都退下呢？"郭子仪解释说："卢杞相貌丑陋，我的这些侍妾平时在我这儿习惯了无拘无束，但在卢杞这种心胸狭窄的人面前，她们很可能会表现得失态。万一因此惹怒了卢杞，对我们郭家来说，那可就得不偿失了。"

郭子仪的这番话体现了他深远的思考。他意识到随着年龄的增长，自己已无法像过去那样保护家人。因此，他努力与人为善，希望为后代积累福报，减少他们将来可能遭遇的不幸。

卢杞后来果然如愿以偿地迅速升至唐朝宰相的显要地位，对那些曾对他不敬的人进行了无情的打压和报复。

公元 781 年，梁崇义发动了叛乱。宰相杨炎对于如何平定这场叛乱持有与众人不同的看法，他坚决反对使用节度使来平叛，这一观点与唐德宗的想法产生了尖锐的冲突。卢杞敏锐地抓住了这个机会，利用自己的权力向唐德宗施加压力，使得杨炎的权力和地位遭受了严重的削弱，最终杨炎只能无奈辞去官职。

郭子仪的远见卓识充分展现了他对人性和政治的深刻理解。他深谙如何在复杂多变的政治环境中生存，并且能够巧妙地保护自己的家族。正是凭借这种智慧，郭家在唐朝动荡的政治局势中得以幸存，并迎来了家族长达百年的繁荣与兴盛。

郭子仪的做法，可谓是给自己和家族留足了“余地”，他更高明之处是洞悉人性，小心谨慎，不得罪人，尤其是不得罪小人。

第三章

借势起势，破局高手的情势观、局势观

《孙子兵法》有云：“顺势而为，借势而进，造势而起，乘势而上。”在趋势如潮水般汹涌而至之际，唯有顺应其流，方能乘此东风，疾行向前，从而更易抵达成功的彼岸。若忽视趋势之变化，逆势而为，终将遭受其反噬，难以立足。因此，欲破局者需明白：行事当借势；成事需顺势；若势未备，则须先造势！

在变化中找机缘，眼观六路，耳听八方

破局思维

在古代战争中，兵法家们强调战场局势的瞬息万变。卓越的兵法家固然会精心制定战略，但同样重视实时听取斥候人员和潜伏敌方的探子传递的最新情报，以便根据这些信息随时做出相应的战略调整。

《孙子兵法》中提到“上兵伐谋”，意指上乘的兵法在于以谋略制胜。然而，这一谋略得以实施的前提在于对敌方经济、政治形势以及大小官员间人际关系的全面、准确了解。若未能掌握这些关键信息，那么

“上兵伐谋”便只是空谈，难以发挥实际效果。

破局解读

任何行业或事态的演变和趋势变化，背后都有其可循的逻辑和规律。想要洞悉这些变化，我们唯有积极地去观察、倾听和询问。正如《孙子兵法》所说：“知己知彼，百战不殆。”在激烈的竞争中，那些总是能够率先掌握最新信息的人，往往能够占据优势。在相同的条件下，谁能够收集到更全面、更翔实的信息，谁就更有可能掌握对手的意图，从而抢占先机。

然而，信息的获取并非易事，它需要我们主动出击，积极探索。但遗憾的是，许多人缺乏这种对新事物的敏锐洞察力和学习意愿，这就使得那些愿意主动学习、不断探索的人能够后来居上。人与人之间的竞争，说到底，就是看谁能够获取更多的知识、信息和技能。

在大多数情况下，一个人所掌握的知识和信息越多，他就越有可能筛选出那些高质量、有价值、能够转化为实际效益的信息。但现实是，懒惰的人总是比勤奋的人多得多，这也导致那些善于学习和搜集信息的人，总能在经济上掌控那些信息匮乏的人。

破局故事一

锦衣卫是明朝设立的一个特殊军事和情报机构，他们主要负责监视官员和民众，逮捕并审问他们，以确保皇权的稳固。但根据《明宣宗实录》等历史书籍的记载，锦衣卫还曾经负责搜集军事情报、策反敌方将领等任务，甚至在一些重要的战役中提供了非常重要的情报支持。

1592 年，刚刚结束内部战乱的日本突然出兵攻打朝鲜，他们想利用朝鲜作为踏板，进一步对中国领土有所企图。当时的情况是，由于朝鲜军队力量不足，在战场上连连失利，只能向他们的宗主国中国请求援助。万历皇帝收到消息后，决定派兵支援朝鲜，这次事件被后人称作“万历朝鲜战争”。

由于朝鲜传递的错误情报，明朝早期派往朝鲜的军队严重低估了日本军队的规模和装备水平。再加上粮草短缺，明朝军队在战斗初期吃了大亏，损失惨重。为了扭转颓势，明朝决定改变策略，并从全国紧急征调了4万精锐士兵准备增援。

然而，当这些士兵集结准备出征时，明朝对日本军队的实际情况仍然知之甚少。如果不能尽快掌握准确的战场信息，就会对明朝军队的后续部署和作战计划造成巨大影响。

在这关键时刻，锦衣卫被赋予了重任。他们迅速行动，前往朝鲜和日本搜集军事情报。不久，他们就成功掌握了日本军队的行进路线、兵力布局以及作战风格等关键信息，连日本军队的粮草存放点都摸得一清二楚。锦衣卫将这些重要情报整合成一本名为《倭情备览》的书籍，这本书成了明朝将领们的重要参考资料。当时明军的总指挥杨镐将军经常翻阅这本书，并且把它分享给朝鲜的官员们，帮助他们了解日本军队的情况，让他们也能更清楚地了解日本。

当明朝4万人的大军正式向朝鲜进发时，明朝军队已经通过锦衣卫构建的庞大情报网络，对日本军队有了深入的了解。这为明朝和朝鲜两国之后的紧密合作、共同打击日本军队并最终取得胜利提供了关键的情报保障。这一切充分证明了在战争中情报的重要性。

破局故事二

有一份情报的分量可以说是重如泰山，甚至拯救了一个国家，使其免于灭亡。

公元前627年，郑国商人弦高计划前往东周的都城成周进行商贸活动。当他行至边邑滑地时，与秦国军队不期而遇。鉴于秦国与郑国地理位置相隔甚远，且中间有多国阻隔，秦军的突然出现引起了弦高的警觉。

弦高凭借商人特有的敏锐洞察力，迅速察觉到秦国可能对郑国有所图谋。他深知此时逃避已非上策，若强行逃逸，所携财物恐难保全，甚至可能招致秦军更大的怀疑与攻击。因此，他毅然决定直面秦军。

弦高向秦军将领献上十二头牛作为犒赏，并言辞恳切地说："我国国君闻悉贵军即将过境，特命我前来犒赏贵军将士。虽我国国力有限，资源不丰，但若贵军决定在此停留，我郑国将竭尽所能，为贵军提供一日之需；若贵军决定继续前行，我郑国亦将负责一夜之保卫。"弦高以此方式巧妙稳住秦军，同时暗中派遣使者急速回国，向国君报告这一紧急情况。

弦高的判断果然没错，秦国军队的目的就是来偷袭郑国，想把这块土地纳入自己的版图。与此同时，在郑国都城那边，原本秦国派来帮助郑国防守的三位将领：杞子、逢孙、杨孙也已经准备好了战斗。

郑穆公得知消息后，立即开始部署防守，并派人去探查杞子等人的情况。派去的人回来报告说，杞子他们已经收拾好了装备，磨好了武器，喂饱了马匹，完全是一副准备打仗的样子。

郑穆公一听这消息，立刻明白了秦国的意图，于是派皇武子去告诉杞子他们："你们在这里住了这么久，我们郑国的食物、牲口都快被你们吃光了。既然你们要走，我们郑国的猎场你们就随便用吧，自己去打猎，也让我们能休息休息。"

秦国的三个将领一听这话，知道他们的阴谋已经被郑国识破，于是赶紧逃离了郑国。杞子逃到了齐国，而逢孙和杨孙则逃到了宋国。

孟明视等秦国三位将领经过深思熟虑，认为原本计划对郑国进行突袭，以求出其不意，但如今郑国已洞悉意图，突袭之举已然失去意义。倘若执意围攻其都城，缺乏后援之下，风险之大难以承受。可鉴于军队已经出征，三位将领不愿空手而归，遂决定顺手攻取滑国。滑国彼时已沦为郑国（亦有说法为晋国）之附属，宛若边境之小城邑。虽非大胜，但亦有所斩获，遂决定撤军回国。

对于郑国而言，弦高所提供的情报具有无可替代的意义。此情报为郑国争取了宝贵的准备时间，郑穆公据此情报，成功驱逐了秦国在郑国的驻军，消除了潜在的威胁，避免了国家因遭受袭击而陷入覆灭之境。然而，亦有人心存疑惑，秦国真的会因弦高的寥寥数语便放弃如此重大的军事行动吗？

实则，此事需追溯至数年前。公元前630年，晋文公与秦穆公联合出兵，将郑国团团包围。郑国为求自保，遂与晋国结盟，脱离楚国之庇护。然晋文公犹不满足，欲以见郑国国君为条件，对其进行羞辱。在此紧要关头，郑国大臣烛之武趁夜缒城而下，秘密拜见秦穆公，陈词道：“若郑国灭亡，对秦国并无裨益，反而使晋国坐收渔利。不若赦免郑国，使其成为东方道路之主人，接待各国使者，对秦国亦有所助益。”秦穆公深以为然，遂撤军回国，但留下杞子、逢孙、杨孙三人驻守郑国。

三年后，杞子等人传回密信，称：“郑国人已使我等掌管北城门之要地，此时发兵可一举拿下郑国。”秦穆公闻讯心动，然大臣蹇叔、百里奚却极力反对，他们认为长途奔袭风险极大，且易暴露行踪。然而秦穆公受利益之诱惑，决心发动战争。然而此战之胜败，关键在于出其不意。弦高已揭露秦军意图，突袭之良机已失。在此情境下，继续战争只会使秦国陷入困境。后续之发展亦证实了这一点。

此次事件充分彰显了信息在战争中的重要性。无论是在古代还是在现代，信息皆为战争中宝贵的资源之一。只有掌握了准确的信息，方能做出明智的决策，进而取得战争的胜利。

一个篱笆三个桩，一个好汉三个帮

破局思维

“一个篱笆三个桩”，这句谚语以篱笆墙为例，生动地说明了即使是最简单的结构，也需要多个支撑点才能稳固。同理，个人或团队要想稳固发展，也离不开他人的支持和帮助。就像篱笆墙需要三根木桩的支撑一样，我们也需要来自不同方面的支持和帮助，才能走得更远、更稳。

破局解读

人类天生倾向于与他人共同生活、互动和合作，这是我们的本性所在。然而，与此同时，我们每个人都是独特的个体，拥有各自独特的思想、情感和潜能。从社会学的角度来看，人类不仅是生物的存在，更是社会的产物。我们的成长和发展既受到自然法则的制约，也深受社会环境的熏陶与塑造。

我们并非天生就具备与人相处、融入社会的能力。这需要经历一个被称为“社会化”的过程来学习和适应。这个过程如同一个深入人心的课程，教导我们如何适应社会环境，学习社会规范，并扮演好各自的社会角色。通过这个过程，我们逐渐认识到自己的价值，并获得社会的认可，从而正式成为社会的一员。

然而，社会如同一个错综复杂的迷宫，其中充满了各种挑战和难题。仅凭一己之力，我们有时难以应对。此时，我们需要借助他人的力量，寻求他们的帮助与支持。正如一句古老的谚语所言：“一人之力难以承担千斤重担，而众人之力则可移山填海。”这意味着，即使我们拥有再强的能力，也总有无法独立完成的任务。只有当我们学会与他人合作，借助集体的力量时，我们才能更好地面对挑战，实现自己的目标。

破局故事

汉高祖五年（前202年），楚汉相争，以刘邦的胜利而告终。项羽身死，汉王刘邦即皇帝位于汜水之南，封赏功臣，暂定都洛阳，五月迁都长安（今陕西西安）。

历史上的刘邦以其非凡的坚韧与智慧著称，同时他拥有广泛的人脉，最终成功统一天下，建立了汉朝。在他逐鹿中原、争夺天下的历程中，众多英雄豪杰纷纷伸出援手，其中有四位将领的功劳尤为显著。有趣的是，其中三位将领原本都效力于项羽麾下，后来却选择转投了刘邦。

首先就是张良。张良原本是项羽那边的人，但项羽杀了韩成后，张良就悄悄地投奔了刘邦。刘邦能够成就霸业，与他身边的人有着密切的关系，而张良无疑是最重要的一位。张良在刘邦军队中并不是直接领兵打仗的将领，虽然他看似也有这个能力，但因为他身体不太好，所以主要担任参谋的角色，为刘邦提供明智的建议，指明方向。刘邦在关键时刻做出的许多重要决定，都离不开张良的出谋划策。

接下来是韩信。在项羽那里，韩信只是一个普通的执戟郎中，他渴望带兵打仗，展现自己的才华，但项羽没有给他这个机会，甚至还羞辱他，让韩信感到十分绝望。然而，当韩信来到刘邦的军队后，他的待遇截然不同。刘邦重用韩信，让他担任将领，可以说刘邦是韩信的伯乐。韩信为了报答刘邦的知遇之恩，为刘邦献上了“明修栈道，暗度陈仓”的计策。这一策略真的非常关键，它帮助刘邦成功地拿下了关中地区，为他后来横扫天下打下了坚实的基础。在整个楚汉战争中，刘邦主要负责从正面牵制住项羽的军队，让项羽无法全力以赴。而真正在战场上攻城略地、取得辉煌战绩的，主要是韩信。韩信凭借他的军事才能，为刘邦立下了赫赫战功。

第三个人是陈平。在韩信帮助刘邦拿下关中之后，没想到殷王反叛了项羽。这时候，陈平站出来平定了这场战乱。然而，殷王再次反叛，项羽却没有从自己身上找问题，反而想要杀掉陈平来发泄怒火。陈平看到形势不妙，立马选择了逃亡。

陈平非常擅长使用计谋，他的智慧对于刘邦来说非常宝贵。自从陈平加入后，项羽的势力就开始逐渐减弱，接连吃败仗。陈平还巧妙地使用了离间计，让项羽赶走了他的重要谋士范增。

失去了范增的项羽，势力越来越弱，逐渐从巅峰走向了低谷。可以说，陈平加入刘邦，是刘邦最大的幸运。

还有一个人是萧何，他从一开始就是刘邦的得力助手。萧何作为刘邦的内政大臣，负责后勤补给。刘邦在行军打仗的过程中，从来不用担心粮草问题，因为萧何总是能够妥当地解决这些后勤问题。

以上提到的张良、韩信和陈平这三位重要人物，原本是项羽的人，但他们都因为各种原因转投了刘邦。刘邦在洛阳南宫大摆宴席，宴请诸多跟随他南征北战、建立功勋的谋臣武将。席间他言道：“夫运筹策帷帐之中，决胜于千里之外，吾不如子房；镇国家，抚百姓，给馈饷，不绝粮道，吾不如萧何；连百万之军，战必胜，攻必取，吾不如韩信。此三者皆人杰也，吾能用之，此吾所以取天下也。”反观项羽，本有一谋臣范增，却还不完全信赖，故而被刘邦打败。

现在看来，刘邦的确很有自知之明，也很善于用人。如果刘邦没有韩信、张良和陈平这三位的帮助，他能否成为天子呢？这三位都是项羽无意中“送给”刘邦的“礼物”，如果项羽当初知道他们将来会起到如此重要的作用，一定不会轻易放走他们，更不会轻易瞧不起他们了。可惜，历史从来没有“如果”两个字。

机不可失，学会乘势而为

破局思维

乘势而为，即在洞察和把握当前形势的基础上，采取与之相协调的行动和策略，以实现原先设定的目标。这种策略体现了高度的智慧，正如古语所云：“识时务者为俊杰。”在面对复杂多变的局面时，我们应当善于顺势而为，避免逆潮流而动，以此确保行动的高效与目标的达成。

破局解读

事情的成败，其实主要取决于一个“势”字。就像我们常说的，顺着势头去做事，就像水推着船前进，轻松就能达到目标，事半功倍。但如果你逆势而行，就像在逆水中划船，困难重重，很可能最后事情做不成，功亏一篑。

因此，在追求目标的过程中，识别并顺应“势”的走向显得尤为重要。这需要我们不断学习，拓宽视野，以开放的心态接纳新事物，紧跟时代的步伐。同时，也要培养敏锐的直觉和判断力，能够在纷繁复杂的信息中，准确捕捉那些能够引领未来的趋势和信号。

然而，需要注意的是，乘势而为并非盲目跟风，而是在深入理解和分析形势的基础上，做出的明智选择。它要求我们在顺应大势的同时，也要保持独立思考，绝不能被表面现象迷惑。

破局故事一

在唐宪宗时期，国家里有很多地方势力割据自立，其中淮西节度使吴元济手握重兵，公然反叛。朝廷多次派军队去平叛，但都没能彻底打败。后来，朝廷派李愬去当唐邓节度使，负责对付吴元济。

李愬就职之后，并没有急着去打仗。他善待士兵和百姓，让他们觉得他是个好人。同时，他在暗中观察吴元济的情况，等待机会。

当李愬发现吴元济把最强的部队都派到了边境，蔡州城里没多少防守的人时，他觉得机会来了。于是，在一个大雪天，他带着精兵，冒着严寒，悄悄地向蔡州出发。士兵们在雪地里艰难地走着，终于在早上赶到了蔡州城下。城里的守军完全没准备，李愬就轻松地进了城，抓住了吴元济。

李愬之所以能成功，就是因为他懂得看形势，知道什么时候该做什么。他没有在敌人强的时候硬打，而是等机会，积累力量，在最合适的时候给敌人致命一击。

有时候，机会来了，有些人却因为犹豫不决而错过了；困难来了，有些人因为害怕而逃避；需要承担责任时，有些人却不愿意。这样的行为，真的让人觉得可惜，因为成功总是属于那些知道什么时候该做什么的人。

破局故事二

王阳明是明朝杰出的思想家、文学家、军事家和教育家。他虽沉浸于书海之中，汲取古今智慧，但他可不是那种只会读书的书呆子。他能用最小的风险，打败像宁王这样强大的敌人。

在作战时，王阳明特别擅长利用和创造形势。王阳明在攻打宁王的时候，他早就想好了要端掉宁王在南昌的老巢。但他知道，宁王的老巢肯定防备得很严密，如果直接强攻，会损失惨重。

所以，王阳明想了个办法。他先是宣传宁王的罪行，激起群众对他的怒意；然后，他又动员士兵们，告诉他们要勇敢作战，还制定了严明的纪律。比如，听到一遍鼓声，就要靠近城墙；听到两遍鼓声，就要登上城墙；如果听到三遍鼓声还没登上城墙，就杀掉小队长；听到四遍鼓声还没拿下城，就杀掉带兵的将领。

在王阳明的领导下，士兵们的士气和信心都大增。他就是要营造出这样的气势，让宁王完全无法抵抗。有了这股气势，士兵们于是更加勇猛地向前冲，一举拿下南昌城。

就在这个时候，王阳明得知有一千多名宁王的士兵在某处埋伏。他马上想出了一个计策，派兵在夜晚突袭了这支队伍，但特地留下一些残兵败将让他们逃回南昌城。

当这些逃兵回到南昌城里，城里的人开始传播消息，说王阳明已经派出大军把南昌城包围得严严实实。听到这些消息，城里的士兵们一下子就没了斗志，变得非常绝望。

王阳明看到时机已经成熟，觉得现在是最好的时机。他下令全军发起强攻，士兵们用尽全力，向南昌城发起了猛烈的攻击。最终，他们以最小的损失，取得了最大的胜利。

这就是王阳明“奇兵制胜”之道，奇正相生，顺势而为。

打仗是这样，做人更要懂得造势，成事要懂得顺势。

谋事在人，成事在天。谋事，我们可以认为就是造势，成事，则顺势而为好了。王阳明的“奇兵制胜”之道确实令人赞叹，他懂得在战场上灵活运用奇兵和正兵，创造出有利于自己的形势，从而取得胜利。同样地，做人也需要懂得造势和顺势。懂得造势与顺势并不是心怀叵测，而是一种经世致用的大智慧。若是没有了王阳明的审时度势，而让那勾结奸佞，狼子野心的宁王得了天下，生活在明朝的老百姓们，势必又要饱受摧残了。

在当今这个竞争激烈的社会，人才济济，要想脱颖而出，就需要通过宣传造势来展现自己的才能。这不仅仅是为了让别人认识你，更是为了形成一个良好的影响，让你的才能得到更广泛的认可。

一旦你的宣传力度足够大，你就可以顺势而为，利用这个机会去实现自己的梦想。这并不是说成功全靠天意，而是说在成功的道路上，我们既要通过努力来创造机会，又要懂得把握机会，顺势而为。

大树底下好乘凉，借一切可借之势

破局思维

荀子曾言：“君子生非异也，善假于物也。”此言旨在阐述，君子的天性实与常人无异，其独特之处在于善于借助外物——无论是人际之力，还是环境之助——以达成个人目标。

凡成就卓越者，其成功之道往往不在于单凭一己之力，而是擅长借助他人的智慧与力量，或通过协作实现共赢。他们深知资源的宝贵，懂得巧妙利用周围环境，以此让事情得以顺利进行，事半功倍。

破局解读

借势思维其实就是在商业或个人发展中，利用外部的力量、资源或者流行的趋势来帮助自己达到目标。它不是说只靠自己的实力，而是懂得“借东风”，也就是借助别人的力量。

举个例子，就像你要爬山，但自己体力不够，那就可以找根棍子作为支撑，这样就更容易到达山顶。在商业中也是一样，比如你看到某个行业正在兴起，你就可以借这个趋势来发展自己的业务；或者和某个大公司合作，利用他们的资源来提升自己。

在实际操作时，借势需要灵活应对。你得看环境、看时机，然后决定怎么“借”。有时候，你可能需要借别人的钱来投资，有时候你可能需要借别人的名声来宣传自己，有时候你也可能需要借别人的经验来避免走弯路。

破局故事一

为应对魏国与赵国的联军，齐威王明智地派遣田忌、田婴、田盼率领大军驰援韩国，并任命孙膑担任军师随军出征。当魏国将领庞涓得知齐军来势汹汹，他也明智地选择撤离韩国，退回魏国本土。随后，魏王派遣太子申为主将，率领精锐兵力迎战齐军。

孙膑洞察到魏军的勇猛和他们对齐军的轻视，他向田忌提出：“魏军勇猛，且轻视我军，视我军为怯懦之师。兵法有云：‘百里而争利，则擒三将军；劲者先，疲者后，其法十一而至；五十里而争利，则蹶上将军，其法半至。’我们需巧妙运用战术，顺应形势。”因此，孙膑命令齐军进入魏国境内后，第一天设置十万个灶台做饭，次日减少至五万个，第三天再减至三万个。

庞涓行军三日后，观察到齐军灶台数量的显著减少，内心大喜，自满地说：“我早知齐军怯懦，进入我国境内不过三日，士兵已逃亡大半。”于是，他舍弃步兵，仅率精锐骑兵疾速追击齐军。孙膑精准地估算出庞涓的行军速度，预测他将在傍晚时分抵达马陵道。马陵道地势狭窄，两侧皆是险峻的山岭，是埋伏的绝佳之地。孙膑命令士兵砍伐道旁大树的树皮，在露出的白木上刻字。接着，他布置一万多名精于射箭的士兵，潜伏在道路两侧，并约定天黑后一见火光便万箭齐发。

果不其然，庞涓在夜色中来到那棵被砍去树皮的大树旁，见到白木上的刻字，便点燃火把查看。未及读完，齐军的箭矢如骤雨般射来，魏军顿时陷入混乱，士兵们四散奔逃。庞涓意识到自己大势已去，便自尽身亡，临终前叹息道：“我今日之败，竟成全了孙膑之名！”齐军趁势追击，彻底击溃了魏军，并俘虏了魏国太子申。

孙膑赢得这场战斗的关键，就在于他特别会“借”力。他先是利用了魏军的骄傲心态，让他们轻视齐军，放松了警惕。然后，他又巧妙地利用了马陵道地形险要的特点，布置了伏兵。最后，他还充分发挥了士兵们的勇气和智慧，让他们能够准确执行战术。正是这些“借”来的力量，让孙膑能够带领相对弱小的齐军，战胜强大的魏军，实现了以弱胜强、以少胜多的壮举。

破局故事二

了解曾国藩，我们得深入了解他如何建立起湘军。在咸丰皇帝任命的一大批地方团练大臣里，为什么只有曾国藩能成功创建湘军，让它成为晚清最强大的军队和朝廷的支柱呢？

其实，曾国藩的成功秘诀很简单，就是“借势”。他特别擅长利用周围的资源和形势，这就是他成功的关键。他借势的方式主要有三次，每次都让他更接近成功。

首次借势，他利用了好政策。对于有准备的人来说，每一个机会都像是量身定做的。1853 年，也就是咸丰三年，虽然很多人觉得曾国藩那时候回家守孝并不是个好时机，因为清朝正被太平天国闹得不可开交。但曾国藩不这么看，他觉得这正是机会——当时清朝的军队太弱了，根本挡不住太平军。他认为，要挡住太平军，就必须有一支强大的军队。而建立地方武装，就是朝廷给的好政策。所以，曾国藩就抓住了这个机会，开始组建湘军，逐渐成为大家的焦点。

第二次借势，曾国藩展示了他非凡的智谋和胆识：喧宾夺主。作为地方团练大臣，他原本的权限相当有限，仅是湖南巡抚的辅佐，实质地位并不高。然而，曾国藩并未满足于此。他巧妙地利用了咸丰皇帝授予他的职权，不仅在长沙设立了专属的办事机构，更以“剿灭匪患”为名，成功地将全省各地的地方武装力量集中在了自己的掌控之下。

通过这样的手段，曾国藩悄然间掌握了一支强大的军队，有效地扩大了自己的影响力，为湘军的崛起奠定了坚实的基础。这一策略充分展现了他卓越的领导才能和独到的政治智慧。

第三次借势，曾国藩借的是“情势”，他知情势而抗上命，这是当时许多团练大臣想都不敢想的，但曾国藩做到了。当太平天国军队加大进攻力度，开始大举进攻湖北、安徽时，咸丰皇帝陷入了困境，因为朝廷已经没有足够的军队可以派去增援了。在短短几个月内，咸丰皇帝连续四次命令曾国藩出兵北上。

然而，此时的曾国藩却面临一个两难的选择。他的湘军尚未训练完毕，武器装备也还未到位。如果匆忙出征，很可能就会成为太平军的炮灰。但曾国藩并没有盲目服从咸丰皇帝的命令。他深知咸丰皇帝的性格弱点——少谋寡断。如果他完全听从咸丰皇帝的命令，就等于把湘军推向了绝路。

于是，曾国藩机智地洞察了咸丰皇帝的这一弱点，四次婉拒出兵之令，并精心编造了诸多理由予以拖延。他充分利用这段时间，进一步加强了湘军的训练，并筹备了更为精良的武器装备，以确保军队能够在最佳状态下出征。

从曾国藩创建湘军的整个过程来看，他之所以能够取得显著的成功，与其善于借势的能力密切相关。他不仅巧妙地利用了朝廷的政策和地方的资源，还精准地把握了咸丰皇帝的软肋，从而确保了湘军的稳步发展和最终壮大。

借势并非简单地依赖他人，而是需要拥有独立的立场和深远的判断。这正是曾国藩能够成就一番事业的秘诀所在。

身要在局中，心要在局外

破局思维

“身在局中，心在局外”此语出自《菜根谭》，其全文如下：“波浪兼天，舟中不知惧，而舟外者寒心；猖狂骂坐，席上不知警而席外者咋舌，故君子虽在事中，心要超事外也。”

这句话所表达的主要意思是，在遭遇巨大困境或纷扰时，身处其中的人可能因过于投入而未能意识到危险的严重性，旁观者则因冷静和客观而能洞察其危险。同样，在公共场合中，若有人举止失当，与其同处的人可能因沉浸于场景而未能警觉，而旁观者则可能因惊讶而显露出不安之色。

因此，真正的君子，即使在面临复杂纷扰的情境之中，也应保持一种超然物外的心智态度，以便能够更为冷静、客观地审视和处理问题。

破局解读

局，就像是一个有围墙的院子，一旦你进入这个院子，你就会受到它的约束和限制，无法看到院子的全部，只能看到其中的一部分。这种时候，你可能只会关注到自己所关心的一部分，而忽略了其他重要的方面。

为了更全面地了解事情，我们需要学会跳出这个院子，以一个局外人或者旁观者的角度来看待问题。这样，我们才能更清晰地认识自己的内心，看清事物的本质，反思那些我们之前可能没有意识到的言行，并理解他人那些未曾言明的困难和苦衷。只有这样，我们才能找到那些曾经苦苦寻找的人生真相。

破局故事一

明武宗正德皇帝朱厚照 31 岁去世，他既没有儿子，也没有兄弟。在古代，皇帝去世后，皇位通常有两种传承方式：一种是“父死子及”，意思是父亲死后，皇位传给他的儿子；另一种是“兄终弟及”，意思是如果皇帝没有儿子，那么可以让他的弟弟来继承皇位。但是，朱厚照的情况，这两种方式都不适用，因为他没有儿子，也没有兄弟。

那么，皇位该传给谁呢？最后，内阁首领杨廷和与皇太后商量决定，从藩王皇族中挑选继承人。他们选择了兴献王的儿子朱厚熜来继承皇位。朱厚熜其实就是正德皇帝的堂弟。

朱厚熜就这样继承了皇位，成为嘉靖皇帝。杨廷和等朝中重臣认为，既然嘉靖皇帝继承了正德皇帝的皇位，那么他就应当尊认正德皇帝的父亲明孝宗朱祐樘为父。这一决策等同于将嘉靖皇帝过继给明孝宗朱祐樘，成为其子嗣，从而意味着嘉靖皇帝今后在称呼上不能直称自己的亲生父母为“父母”，而只能称之为“叔叔”和“叔母”。

然而，嘉靖皇帝对此坚决反对，他不仅拒绝承认明孝宗朱祐樘为自己的父亲，还坚持要为已经过世的藩王父亲追加皇帝称号，并尊称自己尚在人世的母亲为太后。这一立场与杨廷和等大臣的决策形成了尖锐的对立。

围绕这一争议，嘉靖皇帝与以杨廷和为首的大臣们展开了旷日持久的激烈斗争，史称“大礼议”。这场争议不仅涉及皇位传承的礼法问题，更牵涉到皇权与官僚体系之间的权力博弈，成了明朝历史上一个重要的政治事件。

在当时，这一议题非常敏感，因此，人们难以轻易表态，以免陷入两难的境地，要么触怒皇帝，要么得罪权臣。

最终，嘉靖皇帝在这场争议中取得了胜利。然而，他的胜利并非毫无根据，他提出的理由之一便是，若他被视为明孝宗的继子，那么他的生父兴献王将后继无人。

这一争议在礼法上，双方均能找到相应的依据，因此成了一个难以裁决的难题，各有其理，即使在今天，关于谁是谁非，依然存在着不同的声音。

王阳明的学生们，因此也分化成了支持杨廷和与支持嘉靖两派，但王阳明本人并未直接参与此事，甚至对于此事的态度也未曾明确表达。当学生们向他询问对此事的看法时，王阳明选择了沉默，不予回答。

正德皇帝在位时，王阳明凭借平定宁王之乱，建立了卓越的功勋，然而却未能获得应有的赏赐。而嘉靖皇帝刚刚即位，便授予王阳明“新建伯”的封号，这显然是在拉拢这位功勋卓著的臣子。

当时，朝政大权由首辅杨廷和把持，他与王阳明之间的关系并不和睦。尽管王阳明被封为“新建伯”，但杨廷和以正德皇帝刚刚驾崩为由，借口不宜进行大规模的封赏，从而阻止王阳明入朝受封。

面对这样的局势，一般人可能会选择立即站在皇帝一方，借此机会打击自己的政敌，或者认为新皇根基未稳，而选择支持杨廷和，以图讨好并缓和与其之间的关系。然而，王阳明却选择了与众不同的道路。他跳出了这场政治纷争的漩涡，以一个旁观者的姿态，冷静地观察着事态的发展。

若将王阳明视为采取“和事佬”态度的中庸者，那将是对他深刻的误解。王阳明之所以被尊为圣人，并非仅因他独特的“心学”思想，亦非仅凭其高尚的德行，更不是每次都能取得军事胜利的才能，而是他那种总能超越同时代人的深远洞察力。

王阳明对于“大礼议”并非没有态度，且后来的历史发展也证明了他的正确性。在嘉靖三年的一首诗中，他写道：“无端礼乐纷纷议，谁与青天扫旧尘。”这两句诗充分表达了他对“大礼议”之争可能带来的危害和混乱的深深忧虑。

世间的争斗，往往源于利益的冲突和意气的较量。如果所有人都能以公平之心，摒弃私心，那么很多问题完全可以通过沟通和理解来解决，而无须陷入无休止的争执之中。王阳明正是看到了这一点，因此他选择以旁观者的姿态，冷静地观察并思考这一纷争的本质和可能的后果。

嘉靖皇帝虽年幼登基，却展现出卓越的政治权谋天赋。作为无根基的藩王之子，他迫切需要拉拢新势力以打击把持朝政的旧内阁势力，而杨廷和则极力维护旧有的权力结构。这些深层的政治动机和私心，虽然当事者不会明言，但王阳明敏锐地洞察到了双方不易被察觉的意图。

王阳明深谙解决问题的关键并不在于直接参与这场纷争，而是看透各方的本心、欲望和动机。他意识到，这类纷争若参与人数众多，只会留下无穷的后患。嘉靖皇帝最初是出于孝心，希望保留生父的“父亲”名分，但随着时间的推移，这种孝心逐渐演变成私心，他试图让生父以“皇帝”的身份入太庙。尽管嘉靖皇帝最终取得了胜利，但这一举动仍然是徒劳的。

当他的儿子隆庆皇帝继位后，还是废除了兴献王的“皇帝”身份，将其牌位移出太庙。这场“大礼议”不仅导致了群臣的分裂，更为后来的党争风暴埋下了伏笔。

破局故事二

羊祜，字叔子，是西晋杰出的战略家、政治家、文学家。羊祜出身于当时的大门阀“泰山羊氏”，从羊祜这一代往上数九代人，每一代都有至少两千石以上的官员。

当他正值青年、应当踏上仕途之际，恰逢曹氏与司马氏之间的权力斗争达到白热化阶段。由于与这两大势力均存在姻亲关系，处于夹缝之中的羊祜，对双方采取了中立且回避的态度，暂时不表明自己依附于哪一方。在此期间，羊祜虽多次受到他人的举荐，州官更是四次征召他担任从事或秀才之职，但羊祜均以谦和之态婉拒了这些邀请。他对外保持低调，行事谨慎警惕，静待时局之变。

魏明帝驾崩后，大将军曹爽与司马懿共同承担起辅政之责，两大势力集团的斗争愈发激烈。初期，曹爽集团在斗争中占据上风，但羊祜洞察到曹爽缺乏政治智慧，难以与司马懿相抗衡。当曹爽征召羊祜与王沈入朝为官时，羊祜深感“委身事人，非易为之事”，因此再次婉拒，而王沈则独自应召。

随后，司马懿发动政变，诛杀了曹爽，王沈亦因受曹爽牵连而被罢官。羊祜的岳父夏侯霸，作为曹魏宗室成员，且曾受曹爽重用，内心深感惊恐，最终选择叛逃至蜀国。夏侯霸的其他亲属因惧怕受到牵连，多数选择与夏侯家断绝关系，唯有羊祜挺身而出，安抚夏侯家族，待之如常。司马昭独揽大权之后，征召羊祜入其幕府，但羊祜选择入朝，担任魏帝曹髦的侍郎。在曹奂执政时期，羊祜再次请求外任，以避开中央的权力斗争。

在曹家和司马家权力斗争最激烈的时候，羊祜一直站在一边，不参与也不帮任何一方，就像个看热闹的。他看得清楚，想得明白，所以没有把自己绑在任何一个家族上。这样一来，等曹家和司马家斗完了，他才开始谋划自己的出路。

当司马炎执掌朝政后，他征召羊祜担任“尚书右仆射、卫将军，并拨给本营兵士”。面对这一机会，羊祜不再拒绝，也不再保持中立，而是欣然接受，并逐渐成为司马炎身边的重要谋士和心腹之臣。

从羊祜的操作中，我们能学到很重要的一课：在局势不清楚、大家都在争斗的时候，最好保持中立，别掺和进去。如果羊祜当初选了曹魏，后来曹魏被司马家取代，就算他因为家人的关系没被怪罪，也不太可能在司马家掌权的时候被重用。反过来，如果他太早表现出支持司马家，可能会被人说闲话，影响他的名声。

历史上有很多像羊祜这样的人，他们看得清局势，知道什么时候该站哪边，什么时候该保持中立，这样才能保护自己，也为自己的将来打好基础。

第四章

百忍成金，破局高手的情绪管理

“百忍”形容一个人在面对困难和挑战时，能展现出极高的忍耐度，经受住百次磨砺。而“成金”不仅象征着通过忍耐与努力获得的金钱财富，更广泛地代表着成功与成就。这个成语深刻揭示了忍耐与成功之间的紧密关系，强调了面对逆境时，只有持久、坚定、不屈不挠地忍耐，才能在未来的事业和生活中大放异彩。

忍让，成就大事者的气度雅量

破局思维

一个人的气度和雅量与其所取得的成就始终保持着正比关系。在词典中，“气量”一词具有多重含义：首先，它指代个体的才识与品德的高低，体现了一个人的综合素养和内在品质；其次，它象征着能够容纳不同意见的度量，展现了个体在处理复杂人际关系和多元观点时的包容与智慧；最后，它代表着容忍与谦让的限度，彰显了个人在面对挑战和冲突时所展现的成熟与稳重。

破局解读

大多数的成功人士都有非常高的修养和度量，他们不会为了一点小事就生气，能包容别人的缺点。这种性格让他们很受大家欢迎，自然就成了大家关注的焦点，也因此交到了很多朋友。回顾历史，不管是古代的皇帝、将军，还是现在社会上的成功人士，大部分都有宽广的胸怀。而那些失败的人，往往就是因为心眼太小，不能容人。

《三国演义》里的周瑜就是个典型的例子。他嫉妒诸葛亮的才华，觉得自己已经够厉害了，为什么还有比他更厉害的人。这种嫉妒和小心眼最终让他没能实现自己的抱负，反而成了后人茶余饭后的谈资。这就是气量太小带来的后果。

破局故事一

在唐代宗时期，郭子仪因平定安史之乱，挽救了李唐的江山社稷，功勋卓著，手握重兵，权倾朝野。然而，在大历二年，正当郭子仪在灵州取得辉煌胜利，归来之际，竟有居心不良之人挖掘了他的祖坟，意图挑起风波。

在封建社会中，祖坟被掘是极度不可容忍的侮辱，对于这样的屈辱，郭子仪定然无法释怀。因此，当这个消息传遍朝野时，满朝文武官员无不惶恐不安，担忧郭子仪的怒火会降临到谁的头上。皇帝亦深感忧虑，唯恐郭子仪因此愤怒，导致战乱重燃，再次陷国家于分裂与混乱的深渊之中。

因此，当郭子仪觐见皇帝时，皇帝主动提到了他祖坟被挖的事情。郭子仪明白这件事在朝廷里引起了很大的关注和担忧，但他还是努力克制住自己的愤怒和伤心，眼里泛着泪光说："我这些年在战场上带兵打仗，难免会有手下做出破坏别人祖坟的事。现在我的祖坟也遭遇了这样的厄运，也许这是我作为后代的疏忽，或是上天对我的一种惩罚。”他这番话既显示出了对大局的思量，又显得非常懂事，让朝廷里的政敌、朋友和同僚们都松了一口气，原本可能引发的一场风波就这样平息了。

郭子仪的“忍”，并不是因为他软弱或者懦弱，而是他经过深思熟虑后做出的明智选择。他知道顾全大局的重要性，更明白理智必须战胜情绪。

郭子仪的“忍”字诀，几乎贯穿了他的一生，直到八十岁高龄。尽管他功成名就，但皇帝仍然对他心存疑虑，担心他有一天会造反。

为了消除皇帝的疑虑，郭子仪在生活中处处体现了“忍”的哲学：他从不贪图兵权，每次打了胜仗回朝后都立刻交出兵权，绝不拖延；他也不追求更高的地位，对皇帝赐予的官职和爵位总是推辞再三，毫不留恋；他甚至“忍”住对名誉的渴望，皇帝赏赐的美女、珠宝，还有同僚们送的礼物，他都照单全收，故意营造出一种贪财好色的形象，只为让所有人对他放松警惕，不再防备他。

破局故事二

韩信，作为刘邦麾下的一员大将，后来受封为淮阴侯，其早年却历经坎坷。年幼时，他的父母相继离世，家境贫寒，韩信不得不以在淮阴城下垂钓卖鱼为生。每当渔获寥寥时，他便忍饥挨饿，然而他始终怀揣着父母遗留下的宝剑，视其为精神支柱。

一日，韩信在街头偶遇一名无赖。此人嘲笑韩信道：“你韩信时常佩剑出行，但究竟有何用处？你虽身材魁梧，为何胆量如此不济？”面对此等奚落，韩信选择沉默。围观的民众逐渐增多，无赖更是变本加厉地羞辱韩信：“韩信，你若有胆，便拔剑刺我；若不敢，便从我两腿之间爬过！”言罢，无赖叉开双腿，挑衅地站立在那里。

韩信在经过片刻的审视后，选择了忍辱负重，俯身从无赖的胯下穿过。围观者无不哄笑，以为韩信是懦弱无能之辈。然而，韩信却泰然自若，起身拂去尘土，从容离去。

后来，韩信辅佐刘邦开创汉朝基业，功成名就。汉高祖五年正月，韩信又被改封为楚王，都城设在下邳。当他回到封地后，特意召见了那位曾经侮辱自己、迫使自己从胯下钻过的无赖。出人意料的是，韩信非但没有报复，反而任命他为巡城捕盗的武官。他向部下将领解释道:“此人虽曾辱我，但当时我若杀他，并无正当理由，故我选择忍耐。正是这份忍耐，才让我有了今日的成就。”

韩信所经历的胯下之辱，虽看似屈辱，实则是他在经过深思熟虑后所做出的明智之选。逞一时之勇，发泄情绪，不过匹夫之勇；而心怀远大志向，且能为了实现目标而忍辱负重者，方为真正成熟（深沉内敛）的男子汉。

克制欲望，不为蝇头小利而诱

破局思维

一般而言，那些因小利而轻易动摇的人，鲜少能够成就大业。唯有摒弃小利的诱惑与干扰，方能拥有实现宏伟目标所需的大局观、深远智慧与宏大手笔。

破局解读

学会抵制身边的诱惑对你而言至关重要，因为人的价值往往在面临诱惑的刹那间得以界定。一个人若意志薄弱，无论在顺境还是在逆境中，都难以抵挡诱惑的侵袭。若无法克制自我，经受不住诱惑的干扰，便有可能误入歧途，甚至陷入罪恶的泥沼。有智者曾言：“唯有抗拒诱惑，方能获得更多机会，实现更高的成就。”

破局故事一

在春秋时期，现今的山西省地域内分布着诸多小诸侯国，晋国、虞国与虢国便是其中三个。虞公，是虞国的国君，他贪婪成性，酷爱奇珍异宝，一见珍宝便欲据为己有。

有一天，虞公知道胞弟虞叔有一块美玉，顿时贪心大起，便向弟弟索求。虞叔初时不愿交出，但转而思及谚语所言：“匹夫无罪，怀璧其罪。”恐因美玉而招来祸患，遂决定将美玉献给虞公以求太平。

然而，虞公并未因此满足，又觊觎虞叔的宝剑。虞叔为了不再让虞公惦记自己的宝物，采取了武力手段，迫使虞公避其锋芒。

贪婪的虞公并未吸取教训，这一回，他的贪念酿成了亡国之祸。虞国与虢国乃邻邦，彼此为盟友，共同抵御日益强大的晋国。然而，由于虞公对珍宝的贪婪，使得晋国大臣荀息有机可乘。荀息向虞公献上美玉与宝马，以借道攻打虢国。虞公一听有宝物可得，便毫不犹豫地答应了晋国的要求，致使晋军顺利借道虞国，成功消灭了虢国。

随后，虞国因背叛盟友而孤立无援，最终也被晋国灭亡。这个故事中，我们得以窥见两个成语的深意：“怀璧其罪”，意指因拥有宝物而招致祸患；“唇亡齿寒”，则用以形容两个事物间关系紧密，一旦一方受损，另一方也难以幸免。虞公因贪爱珍宝而亡国的故事警示我们，在亲情与国家利益面前，珍宝显得微不足道。过分执着于珍宝，往往会因小失大，导致不可挽回的损失。

破局故事二

东汉时期，有个官员叫甄宇，他任职为太学博士，为人特别实在。有一次快过年的时候，皇帝赏给大臣们每人一只羊。可是这些羊有的肥有的瘦，怎么分都不公平。

大臣们都想了办法，有人说不如抽签决定，有人说干脆把羊杀了平均分肉。这时候，甄宇说话了：“分羊这么简单的事，大家随便拿一只不就好了。”说完，他就先挑了一只最瘦最小的羊回家过年去了。

大家看甄宇这么做了，也都不好意思再挑肥的羊，就纷纷学着他的样子，拿了羊回家。这样一来，羊很快就分完了，大家都挺开心。

此事传至光武帝之耳，甄宇的名声便日显，荣获“瘦羊博士”之美誉，备受朝野之赞誉。不久后，在朝臣的极力推荐下，他更是被擢升为太学博士院院长，地位显赫。

甄宇当初牵走那只瘦小的羊，从表面上看，他似乎是在吃亏。然而，他却因此赢得了群臣的广泛拥戴与皇上的深切器重。实际上他所收获的远超过那一只羊的价值，是真正地占了大便宜。他的行为展现出了其不贪图小利的高尚品质，这是一种深谋远虑的精明之举。

甄宇的故事意味着，在人生的道路上，我们不应被眼前的短暂利益迷惑，而应注重长远的价值。那些能够放弃小利，追求更高境界的人，往往能够收获更大的成功与尊重。甄宇的“瘦羊”之举，正是这一道理的最好诠释。

君子慎独，练就强大的自制力

破局思维

“慎独”作为一种崇高的道德修养，其概念最早可追溯至《中庸》之中，书中言:“莫显乎微，故君子慎其独也。”这句话的主要意思是，即使在他人无法察觉的细微之处，君子也应该坚守其道德底线，不为私欲所动摇。君子并不畏惧在无人之处放纵自我，而是选择以坦荡之姿，无须他人之约束，自我监督，自我约束。

破局解读

没有哪个人天生强大，所有的强大都是自律的结果。而“慎独”正是自律在个体内心深处的体现，是自律精神的升华。

践行“慎独”精神，个体不仅在外在行为上保持自律，更在内心深处树立起一道防线，防止任何违背自己原则和价值观的念头产生。这种自我约束和自我监督的能力，使得个体能够在任何环境下都保持清醒和坚定，不为外界所动摇。

“慎独”对于破局者来说尤为重要。因为破局者往往需要面对更多的未知、挑战和诱惑，而这些都可能成为他们偏离正确道路、放弃目标的诱因。只有具备了“慎独”的品质，破局者才能在孤独中坚守信念，在诱惑前保持清醒，在困难中勇往直前。

破局故事一

我国古代历史上有两个半圣人，一个是孔夫子，一个是王阳明，而那半个指的就是清末名臣曾国藩了。古代的贤人数不胜数，为何曾国藩能够与孔子相提并论呢？他是徒有虚名吗，当然不是！他的成功源于他超人般的自制力。

在京城任职期间，曾国藩效仿大儒倭仁，坚持每日撰写日记，详尽记录其日常所为所思，逐一自我审视，并呈交倭仁审阅。其用功之深，用心之切，以致心血耗损，两度重病，几至丧命。

这种自制达到了近乎苛刻的程度，体现了曾国藩非凡的坚韧与毅力。他戒烟时，直接摔碎烟斗；读书时，每日不辍；练字时，将应酬亦视为功课。虽短暂易行，但持续一生则难上加难，而曾国藩却终其一生，矢志不渝。

曾国藩的行事风格，处处彰显着高度的自制。无论是行动、静坐还是自省，他都严格自律，从不松懈。正如古语所言："自律者神助。"曾国藩之所以能在其一生中取得如此卓越的成就，高度自制无疑是其中重要原因之一。他的自制既持久又恒定，不为外界环境所动摇。

自制之难，在于长期坚持，更在于独处时的坚守。所谓长期，就是不论岁月流转，境遇变迁，都能持之以恒，不忘初心。而独处时，则更是考验一个人的自制力，无人监督，全靠自觉。此时，自当有如神明在侧，不敢有丝毫懈怠。须知，人的元神与天地神明共存于另一维度，所思所行，皆在神明洞察之下。

在曾国藩给儿子的遗嘱中，首条便是"慎独则心安"。这足以体现他对自制的重视。

破局故事二

在《史记》中，司马迁对刘邦的评价是："高祖为人，好酒及色。"这位出身市井的帝王，素来以酒为乐，遇美色则目不转睛。然而，在公元前206年攻破咸阳这一历史转折点，他展现出了惊人的自制力。

当刘邦率大军进入咸阳，面对眼前雕龙画凤的宫殿、琳琅满目的珍宝和六国美女时，他虽一度被这富贵的景象震撼，但很快就恢复了清醒。他选择了遏制内心的欲望，对成山的金银财宝分文不取，对如云的后宫佳丽未曾染指。

军队秩序井然地撤离咸阳时，百姓们纷纷以食物相送，表达了对刘邦的敬意和感激。称帝后，刘邦并未沉溺于享乐之中，也未迷失在权力的诱惑下。他勤勉于政事，命萧何制定律令，让韩信重整军法，命陆贾编纂《新语》，最终从一介布衣蜕变为伟大的帝王。

正如古人所言："人之心术，多欲则险，寡欲则平。"若任由内心的欲望不断膨胀，最终只会自食恶果。刘邦的自制力在入咸阳之际得到了充分的体现，成为他成就帝王事业的关键因素。

在刘邦入咸阳 1800 多年后，李自成率领的大军攻破了北京城。百姓们曾翘首以盼，期待他能带来新的希望。然而，当李自成入主皇极殿后，他的大顺军迅速陷入了奢华的泥沼。李自成纵容将士的骄奢无度，导致了大范围的抢掠和暴乱，最终导致民怨沸腾。李自成只在北京城当了 42 天的"大顺皇帝"，便因无法控制欲望而走向了衰败。

《礼记》有云："傲不可长，欲不可纵。"每个人的心中都存在着贪念，无论是为名还是为利，为色还是为权。然而，弱者往往在不满足中失守，最终滑入人性的深渊。而强者则懂得保持淡然的心境，以坚定的意志对抗不断膨胀的欲望，追求真正的人生价值。刘邦的自制力为我们树立了一个典范，提醒我们在面对诱惑时，要时刻保持清醒和自律，方能成就一番伟业。

宠辱不惊，不被奉承迷惑

破局思维

宠辱不惊，乃是一种至高的修行境界，一种深深植根于心灵深处的“定力”。这种定力既源自深刻的自我认知，又依赖于坚如磐石、高瞻远瞩的信念，将个人的荣辱得失置之度外，无论遭遇何种波折与困境，都能坚守初心，矢志不渝。

破局解读

人在得意之时，往往容易自满自足，滋生傲慢之态。一旦傲慢之心泛滥，便会使原本顺畅的境遇悄然流失。

人唯有在得意之际，坚守初心，保持谦卑之心，对自身有清醒的认识和持续的要求，方能不被外界的喧嚣困扰，保持内心的宁静与坚定，明确自身的优势所在。而持续保持这种优势的关键，便是冷静地坚守自己的初心，使人生之路走得更加稳健与扎实。

破局故事

关于邹忌，传说其身高八尺有余，容貌出众，可谓“高颜值”。一日清晨，邹忌整装完毕，面对铜镜审视自己，自觉仪态非凡，遂问其妻:“吾与城北徐公孰美？”其妻毫不犹豫地回答:“徐公不若君之美也。”

徐公是当时齐国公认的美男子，邹忌对于妻子的评价自然持半信半疑之态。他随后又问其妾:“吾孰与徐公美？”妾亦附和道:“徐公何能及君也。”恰逢有客来访，邹忌又向客人提出同样的问题，客人亦给予高度赞誉，声称徐公无法与邹忌相提并论。邹忌心中虽喜，但并未全然相信。

不久，徐公亲自来访，邹忌与之交谈间仔细观察，发现徐公果然风姿绰约，气质非凡，堪称人中龙凤。相比之下，邹忌略逊几分。此时，邹忌领悟道：“吾妻之美我者，私我也；妾之美我者，畏我也；客之美我者，欲有求于我也。”

次日，邹忌入朝面见齐威王，将此事娓娓道来。齐威王听后大笑，但邹忌严肃地指出：“大王，臣自知不及徐公之美，然臣之妻私臣，臣之妾畏臣，臣之客欲有求于臣，皆言臣美于徐公。今齐地方千里，百二十城，宫妇左右莫不私王，朝廷之臣莫不畏王，四境之内莫不有求于王：由此观之，王之蔽甚矣。”此言一出，齐威王深受触动。

邹忌以其自身为喻，向齐威王揭示了奉承与蒙蔽的真相。他提出的建议简单易懂，甚至不惜自嘲自黑，以引起君主的共鸣。齐威王听后，深感震撼，当即下令：“群臣吏民能面刺寡人之过者，受上赏；上书谏寡人者，受中赏；能谤讥于市朝，闻寡人之耳者，受下赏。”

对于个人而言，保持清醒的头脑，不被外界的奉承动摇，是自我成长和成熟的重要标志。在人际交往中，我们难免会遇到各种赞美和奉承，但如果不加辨别地接受，很容易迷失自我，甚至做出错误的判断。因此，保持一颗冷静、客观的心，学会从多个角度审视问题，不被一时的虚荣和满足蒙蔽，是每个破局者都需要具备的重要品质。

脸皮厚一点，机会多一点

破局思维

面薄者常以“面子”为衡量标准，其评价偏伦理；而面厚者则更关注结果成败，评价务实。智者往往面厚，他们深知事物内在，通常胸有良策，对良好结局自信，拥有独特的生存哲学和处世法则。故能坦然面对各种挑战，包括最失面子的情境。

破局解读

在实际生活中，面对拒绝或冷遇时，性格较为敏感、易受伤的人（即“脸皮薄”者）可能会产生两种截然不同的反应：一是心怀怨恨，寻求报复；二是愤然离去，拒绝再次尝试。然而，这些反应对于实现目标并无裨益，甚至可能会因小失大，对最终结果产生负面影响。

相较之下，那些具备“厚脸皮”特质的人则截然不同。他们在寻求帮助时坚持不懈，不畏挫折，即使遭遇失败也绝不轻言放弃。他们深知每一次的坚持都可能带来转机，因此常将“面子多少钱一斤啊”作为口头禅，以表达自己对成功的渴望和对失败的淡然。

我们应当以“厚脸皮”的态度应对拒绝和冷落，用热情回应冷漠，用有礼对待无礼。需要明确的是，这里形容的“脸皮薄”并不等同于内向。内向的人可能在某些场合显得羞涩或不善言辞，但他们同样可以在自己的领域里坚持自己的主见并准确地表达自己的想法。而“脸皮薄”的人则往往因为过于在意他人的看法或者难以忍受非议，从而影响自己达成目标的能力。

简而言之，这里说的“脸皮厚点”“别那么在乎”不是说要变得冷漠无情，而是说心里得有个坚强的韧劲儿。这意味着，你不会因为别人说你几句好话或坏话就飘飘然或信心全无。你清楚自己的价值，不会为了取悦别人就改变自己原本的样子。有了这样的自信和稳定心态，你就能更勇敢地面对生活中的困难和挑战，那些不好的情绪也没那么容易把你打倒。

破局故事

东汉末年，群雄并起，天下陷入一片混乱之中。曹操雄踞北方，孙权割据江东，而刘备，这位自诩为汉室后裔的英雄，却在中原的烽火中屡遭挫败，最终不得不屈居新野，寄人篱下。然而，这并未消磨他重振汉室、一统天下的雄心壮志。刘备深知人才的重要性，于是四处寻访能够助他一臂之力的贤能之士。

在这个关键时刻，有人向刘备推荐了人称“卧龙”的诸葛亮。他们称诸葛亮为当世奇才，有经天纬地之才，能助刘备成就霸业。刘备闻讯，心中大喜，决定亲自前往隆中卧龙岗，请诸葛亮出山辅佐自己。

首次拜访，刘备与关羽精心准备，带着礼物，满怀敬意地前往。然而，天不遂人愿，诸葛亮恰好外出未归，刘备只得悻悻而归。面对第一次的闭门羹，刘备并未气馁，他深知真正的贤才往往难以轻易得见，于是决定再次尝试。

第二次，刘备一行人冒着大雪，再次踏上前往隆中的路途。然而，命运似乎又在捉弄他，这次诸葛亮又被朋友邀去，刘备再次未能如愿相见。面对第二次的闭门羹，刘备的心中虽有不甘，但他更加坚定了请诸葛亮出山的决心。他留下一封言辞恳切的信，表达了自己对诸葛亮的仰慕之情以及渴望得到其辅佐的迫切愿望。

时间流转，转眼新年已过。刘备选了一个吉日，第三次前往隆中。这一次，诸葛亮没有外出，而是正睡午觉。刘备让关羽、张飞在门外等候，自己以极大的耐心与虔诚，独自一人在台阶下静静等待诸葛亮的醒来。终于，诸葛亮被刘备的诚意打动，与刘备进行了深入的交谈。诸葛亮为刘备分析了天下大势，提出了“北让曹操占天时，南让孙权占地利，将军可占人和，拿下西川成大业，和曹、孙成三足鼎立之势”的战略构想。刘备听后，深感佩服，当即请求诸葛亮出山相助。诸葛亮见刘备志存高远，且待人以诚，终于答应了他的请求。

从此，刘备在诸葛亮的辅佐下，如鱼得水，势力迅速壮大。他不再是那个寄人篱下的落魄贵族，而是逐渐成长为一位能够独当一面的领袖。在诸葛亮的智谋和策划下，刘备成功建立了蜀国，与曹操、孙权形成了三国鼎立的局面。

刘备三顾茅庐的故事，不仅是一段历史佳话，更是一种精神的传承。刘备之所以能够赢得诸葛亮的信任和辅佐，最终成就一番伟业，正是因为他敢于放下自己的身份和面子，以一颗真诚和尊重的心去请诸葛亮出山。这种精神，无论我们身处何种境地，都应该学习和传承。在追求梦想和目标的过程中，放下面子、保持谦逊和坚持不懈是至关重要的。只有这样，我们才能在人生的道路上不断前行，最终实现自己的梦想和目标。

敢于吃亏，有舍方有得

破局思维

真正具备智慧的人，擅长“吃亏”，能够坦然接受生活中的不足，并从容面对生活的不完美。他们深知，“吃亏”在表面上虽然意味着失去，但实际上，这是一种深远的“得到”。

真正有能力的人，无论是在日常生活中，还是在与他人的交往中，都愿意放下身段，保持谦逊的态度，并乐于“吃亏”。他们明白，这种看似损失的行为，实际上能够赢得他人的尊重与信任，为自己带来更为广阔的机遇与空间。

破局解读

人们常言：“好汉不吃眼前亏。”这种观念往往使人误以为每个人都应捍卫自己的尊严和颜面，绝不容许在他人面前受损，甚至失去眼前的微小利益。然而，这种理解实则偏颇。真正的好汉，必然拥有犀利的洞察力，他们关注的是长远的根本利益，而非眼前的得失变化。他们懂得放弃眼前的短暂利益，以保全大局的稳固。

相比之下，那些目光短浅的人，则无法容忍丝毫的损失，他们心胸狭窄，难以容忍任何形式的牺牲。因此，他们最终难以成就大事。

真正的好汉，乃是具备远见卓识的人。他们愿意承受眼前的损失，因为他们拥有广阔的视野，能够容纳天地于胸怀之中。他们懂得，吃小亏往往能够赢得长远的成功。

有时，眼前的利益不过是蝇头小利，即便竭尽全力去追寻，也无法铸就真正的成功。因此，与其紧紧抓住眼前的琐碎，不如将眼光放得更远一些，以长远的眼光去谋求更大的利益。

好汉之所以选择承受眼前的损失，是为了未来更好地发展，为了寻求更为长远的利益。他们明白，一时的牺牲往往能够换来更为辉煌的未来。

破局故事

在春秋五霸之中，秦穆公以宽厚与睿智著称。他独具慧眼，擅长发掘与利用人才，使得当时尚显弱小的秦国在诸侯中迅速崭露头角。

秦国的先祖秦非子，因替周天子精心饲养马匹有功，被赐封于西北地区，成为周朝的附属国。后随着周平王迁都洛邑，秦国因护驾有功，正式晋升为周朝的诸侯国。

到了秦穆公的时代，他深知人才乃国之根本。因此，他广泛招募贤士，不论其出身如何，只要具备才能，便大胆任用。正因如此，诸如“五羖大夫”百里奚、相马专家伯乐等，皆成为秦穆公的得力助手。秦穆公在用人时，注重发挥每个人的长处，不苛求其短处，这种用人之道使得秦国取得了空前的成功，控制了整个西部地区。

秦国人有养马的传统，秦穆公便借此优势，建立了中国历史上第一支骑兵队伍，并为他们配备了匕首，这便是著名的“短兵相接”战术。他还特地在岐山建立了养马场，并培育了一批擅长养马和驯马的专家。

然而，岐山的养马场发生了一起意外。一匹珍贵的马匹走失，找到时已经被农民（有说是秦国野人）误食。按照当时的法律，必须有人为此负责。牧官因害怕而将吃了马的农民（野人）全部抓捕，准备处以极刑。但秦穆公认为这些农民（野人）皆是淳朴之人，便赦免了他们的罪行，并赐予他们美酒。

在鲁僖公十三年冬天，晋国因为严重的饥荒，向秦国借粮。对于是否要帮助晋国，秦国内部意见不统一。因为之前，晋惠公在秦国的支持下登上王位后，并没有按照承诺将“河西五城”交给秦国，所以秦国人都觉得晋惠公不守信用，不值得再帮他。

不过，也有人主张帮助晋国，比如百里奚。他说：“天灾是常有的事，每个国家都可能遇到。帮助邻国、救灾恤民是道义所在，这样做会带来福气。”秦穆公也认为：“虽然晋国的君主不好，但百姓是无辜的。”于是，秦国决定帮助晋国，通过水路运送粮食给他们，这就是历史上著名的“泛舟之役”。

第二年冬天，秦国发生了饥荒，相反晋国却获得了大丰收。于是秦穆公向晋国借粮食，晋惠公不但不借给秦国粮食反而听了吕省和郤芮的建议想要攻打秦国。这一下，晋惠公的行为让大家都看清了他的真面目，留下了“晋惠公借粮——有借无还”的歇后语。

面对饥荒和晋国的攻击，秦国上下一心，最终渡过了难关。恢复元气后，秦国出兵攻打晋国。在韩原之战中，秦穆公被晋军包围，身受重伤。但就在此时，一支由农民（野人）组成的骑兵队突然出现，他们奋勇杀敌，帮助秦穆公突围。这支骑兵队就是之前因为吃了秦穆公的名马而被赦免的农民（野人）组成的。

晋惠公在逃跑时，战马陷入泥沼，被这支农民（野人）骑兵队俘虏。秦穆公对这支骑兵队大加赞赏，想要给予他们奖励。但他们说：“我们不是军人，只是吃了您的名马后被您赦免的小民。听说您在与晋军作战，我们就来了。”

最终，晋国大败。为了求和，晋国不得不割让土地给秦国。

做一个战后分析，在晋国出现荒年的时候，秦穆公伸出了援手，给予粮食的帮助，解救了晋国的灾荒，这自然会让晋国国民心生感激。而当秦国发生灾荒的时候，晋国国君不但不伸出援手，反而趁机攻打秦国，这种不义之举自然很难得到本国国民的支持，故而军队不愿全力攻击。再说秦穆公不杀偷马吃马的农民，从表面上看，秦穆公损失了借给晋国的粮食以及被偷的良马，却赢得了晋国国民和农民两方感激，最终赢得了战争的胜利。

刚柔并济，关键时不可软弱

破局思维

善良，作为一种崇高美德，其本质在于宽容与博大。然而，当善良走向极端，过度地被展现，便可能沦为一种纵容，使得他人轻易跨越边界，肆意而为。那种毫无保留、不设防的善良，在现实中往往容易成为他人欺骗和算计的对象；在极端情况下，甚至会成为他人肆意践踏的靶子。因此，我们所倡导的善良，应当是带有些许锋芒的，这样的善良不仅能坚守自己的原则，更能赢得他人的敬畏与尊重。

破局解读

在面对纷繁复杂的世界时，我们既不可陷入冷漠孤立的境地，亦不可过度热情而失去自我。我们应当适时展现柔和的一面，如同春日暖阳般温暖人心；同时也需适时展现坚决的一面，如同严冬酷寒般坚韧不屈。我们的目标是与世界和谐共处，既保持个人的独立与尊严，又为社会贡献一份温暖与力量。

我们可以坚守善良，但绝不软弱可欺。我们既不应被人欺凌，也不应欺凌他人。正如有人所言："心软之人，必是无福之人。强者处世，柔中有刚，刚而不横。"这句话深刻揭示了过度心软的弊端，提醒我们在面对恶人时，应明智而坚决；而在与君子相处时，则应宽容以待，坦诚无私。

过度的善良容易被人欺凌，过度的软弱则容易陷入被人操控的境地。唯有在柔和中保持刚强，在刚强中不失分寸，我们才能赢得世界的敬畏与尊重。正如那句俗语所言:“人善被人欺，马善被人骑。”在残酷的现实面前，我们需要不断磨砺自己的保护能力，确保自己在善良与坚强之间找到平衡点。

破局故事

“诸葛一生唯谨慎，吕端大事不糊涂。”这是一副非常有名的对联，出自明代思想家李贽。诸葛亮我们都特别熟悉，一生兢兢业业死而后已，那么，北宋宰相吕端到底糊涂不糊涂呢？

吕端出身官宦之家，年少时便敏捷聪悟，刻苦好学。为官后，吕端始终清廉正直，对功名利禄看得十分淡然，在很多人看来，这是他糊涂、不合时宜的表现。

宋太宗任用吕端为相。吕端担心与自己同时为官的寇准，会因自己先当上宰相而心中不平，于是请求皇帝让时任参知政事的寇准和宰相轮流在朝会时充当领班并执掌朝政事务，在政事堂议事时并列而坐。宋太宗接受了他的建议。几年后，吕端就把宰相之位让给了寇准，自己去做参知政事。

吕端为人低调，很少当众发表言论，很多人便误认为他是个“糊涂人”。但正如宋太宗所说:“吕端小事糊涂，大事不糊涂。”

北宋时，天下时有战事发生。西夏李继迁造反，朝廷出兵平定，抓住了李继迁的母亲。宋太宗想把她处死，单独召见寇准询问他的意见，寇准表示同意。寇准退朝时，吕端正好碰到他。吕端猜想朝中一定在谋划大事，就询问寇准，说:“边关上平常的事情，不必让我知道，但若是军国大事，我身为当朝宰相，就不可不知道。”寇准于是将事情原委告诉了吕端。吕端听后认为这样处理不妥当。

吕端立即上奏劝说。他引用项羽欲杀刘邦之父的故事，告诉太宗:

“李继迁是反叛之人，即使杀了他的母亲，也未必能逮住他。这样做只能结下更大的冤仇，坚定他的反抗之心。”吕端还提出建议，将李继迁的母亲妥善安置在延州，好劝服李继迁归顺朝廷。太宗认为很有道理，同意了吕端的建议，后来果然收到了良好的效果。

还有一件事，也能说明吕端面临大事时的清醒镇定。

公元997年，太宗病危。宦官王继恩担心太子（宋真宗）即位后会对自己不利，就串通皇后，勾结一些朝中官员，打算拥立楚王为帝。

吕端事先察觉到这场阴谋，于是整日陪着太子。太宗驾崩后，皇后立即派王继恩前去召见吕端，计划逼吕端同意立楚王为帝。吕端知道有变，将王继恩锁在阁中，并派人看守。自己则同大臣们入宫，亲自说服了皇后。皇后见吕端等大臣如此坚决，也只好妥协。

宋真宗登基时，在大典上垂帘召见群臣。吕端肃立殿阶之下，不行跪拜之礼。他请求侍臣卷起帘子，登殿仔细察看，确认是真宗本人后才走下殿阶，率群臣叩拜。

吕端并非真正的“糊涂”之人。他在关键时刻能够保持清醒的头脑和坚定的立场，为国家社稷和百姓福祉着想。这种品质在当时的官场中尤为难得，也为我们今天提供了宝贵的启示：在关键时刻不能软弱退缩而应果断行事，若是畏首畏尾，则很难成大事。

第五章
事以密成，破局高手的谨言慎行

当一个人的内心能够容纳复杂的事情，就体现了其具有成熟稳重的特质，亦被称为有城府；而若内心无法承载琐事，未及行动便过早泄露，这则暴露了其肤浅与不可靠。正如《韩非子·说难》中所言:“事以密成，语以泄败。”此言旨在告诫我们，在处理重大事务时，应保持高度的谨慎和保密性，切勿轻易泄露自己的计划和意图，以免因言语泄密而导致失败。

不该自己出风头，要尽量保持沉默

破局思维

适当隐藏自己的能力和才华，是一种智慧。这并不是说要你故意装傻或隐瞒，而是要学会在合适的时机和场合下展现自己。当你过于张扬，毫无保留地展示所有才华时，存心不良之人可能会借此摸清你的底细，找到你的弱点，从而有机会对你进行攻击。

相反，如果你能够适当地隐藏自己的实力，保持一定的神秘感，别人就不容易看清你的真正能力。这样，他们就不敢轻易对你采取行动，因为他们不确定你的底线和潜力。这种策略可以帮助你在职场中保持主动，避免不必要的麻烦和冲突。

破局解读

中国有句老话叫作“枪打出头鸟”，这句话告诫我们做人不要太张扬，不要过于显露自己。古时候的人强调“藏巧露拙”，也就是这个意思。

有些人呢，一有机会就喜欢把自己的一切都展示给别人看，包括他们的计划和打算。他们这么做有两个主要的原因：第一，他们觉得谈论自己的想法和计划是很自然的事情，所以不太会控制自己；第二，他们很想得到别人的认可，想让别人看到自己的优点。

其实，直接说出自己的想法并没有错，但关键是要看对象和场合。不是所有人和所有场合都适合直接表达。有时候，隐藏自己的意图反而更好，这样你在与人交往时就能更灵活地掌握主动权。所以，我们要学会适时地隐藏自己，不要过于张扬。

破局故事一

羊祜是西晋时的一位名臣，他出身于世家大族，背景显赫，但他本人非常清廉和谦逊，完全没有傲慢和奢侈的习气。

他年轻的时候，就被推荐去当官，州官多次邀请他，他都拒绝了。有人甚至把他和孔子最喜欢的那位谦逊好学的学生颜回相提并论。当曹爽掌权时，他曾让羊祜和王沈一起做官为他出谋划策。王沈很高兴地应允并劝羊祜接受官职，但羊祜却淡淡地说：“去为别人谋划，可不是那么容易的事。”后来曹爽被处死了，王沈因为是他的下属也被免职了。

王沈对羊祜说：“我应该一直记住你之前说的话。”但羊祜并没有觉得自己有多聪明，他说：“我其实也没想到会这样。”

晋武帝司马炎当上皇帝后，因为羊祜有辅助之功，他被任命为中军将军，加官散骑常侍，封为郡公，食邑三千户。但羊祜坚决不接受，最后只好给了他一个较低的职位，但其地位仍很尊贵。以前那些有名望的大臣，如王佑、贾充、裴秀等人，都对他非常谦让，也可以说是极为恭敬。

后来他被任命为荆州的总指挥官，这个官职非常高，但他还是拒绝了，他说：“我才当官没多久，就得到了这么高的职位，每天都担心自己能不能胜任，这些荣誉反而让我压力很大。我作为皇帝的亲戚，已经得到了很多好处，所以我应该更加小心，不要得到太多。现在有很多有才能和品德的人，如李熹、鲁艺和李胤，他们都没有得到应有的位置，而我却得到了这么多，这让我怎么面对他们呢？所以请皇帝收回这个决定吧！”但皇帝没有同意。

在晋武帝咸宁三年，皇帝打算封羊祜为南城侯，羊祜坚决不接受这个封号。每次他被提拔到更高的职位时，他都会诚恳地拒绝，坚决不出风头。因为谦卑有礼，他的名声在朝廷和民间都非常好，大家都觉得他应该当宰相。当时晋武帝想要攻打东吴，他觉得羊祜是最佳人选，所以就没有再坚持封他为南城侯。

羊祜两朝为官，手握大权，但他从不想着利用这些权力为自己谋利。他出的好主意和写的报告，过后都会销毁，所以别人都不知道他到底有多厉害。他推荐了人才，也从不声张，连那些被他推荐的人都不知道是羊祜帮了他们。

有人觉得羊祜做事太小心了，但他反驳说：“古人说过，在朝廷上和皇帝说真话，出了朝廷就不要再提这些话了。我恐怕连这点都做不到呢！如果我不能发现和推荐人才，那我就对不起自己的职责了。而且，我不喜欢在朝廷上决定的事情，官员们私下里再来感谢我，我觉得这样不好。”

羊祜出身于官宦世家，拥有显赫的背景，但他从不因此而傲慢。相反，他始终保持一颗谦逊的心，对待每一个职位都兢兢业业，尽职尽责。即使被晋武帝司马炎赐予高位和荣誉，他也坚持辞让，不愿意接受过高的职务。这种谦逊的态度，让他在朝廷中树立了良好的形象，赢得了同僚和下属的尊重。

羊祜也表现出了极高的智慧。他深知权力的腐蚀和争斗的残酷，因此从不主动卷入其中。他通过保持谦逊和低调，巧妙地避免了政治斗争的漩涡，保全了自己和家人。

破局故事二

贾诩，字文和，汉末三国时期杰出的军事战略家，亦是曹魏的开国功臣。贾诩能够在乱世之中审时度势，不仅自身得以长存，更成功地保全了家族。此等智慧与谋略，堪称真正的大智若愚。

贾诩在献策的时候很有特点，他不会像其他谋士那样，如袁绍的田丰或者刘璋的黄权，拼命地劝说他们的主公接受某个主意，因为那样很容易引起领导的反感或者不满。贾诩会先提出他的计谋和看法，但他不强迫对方接受。因为他知道，强迫别人接受自己的意见可能会让对方感到被轻视。

在给曹操出谋划策时，贾诩就是这样做的。他会先表明自己的观点，让曹操知道有这么一个选择。然后，等到实际情况证明了这些观点是正确的，曹操自然会更加重视和信任贾诩，未来也会更重用他。

公元208年，曹操已经统一了北方，信心满满地想要亲自攻打孙权。但贾诩劝他，说现在不是出兵的好时机，应该先安抚百姓，等待更好的机会。不过，曹操没有听他的建议，还是决定出征。最终，在赤壁之战中曹操大败，这也证明了贾诩的判断是正确的。从那以后，曹操开始更加重视贾诩的意见。

赤壁之战后，韩遂和马超等西凉军阀联合起来反抗曹操。这些西凉铁骑让曹操吃了不少苦头，甚至让他在潼关战败，曹操不得不割掉胡须、丢掉战袍，处境十分狼狈。曹操就问贾诩该怎么办，贾诩说："我们可以想办法离间他们。"曹操听从了他的建议，用了一个计策让韩遂和马超之间产生矛盾，最终成功地平定了西凉的叛乱。

公元212年，曹操的首席谋士荀彧因在曹操欲称"魏公"之事上提出反对意见，遭到了曹操的猜忌，最终被逐渐疏远，忧郁而终。此事让贾诩深刻感受到政治的残酷与险恶，因此在逐渐壮大的曹操集团中，他选择了低调行事，收敛起他那曾令世人惊叹的锋芒。他开始韬光养晦，轻易不发表意见，甚至闭门不出，以求自保。

在曹操晚年，由于未立世子，诸子皆怀觊觎之心，尤以曹丕与曹植为众人所瞩目。曹丕向贾诩请教计策，贾诩则以中庸之道回应："愿将军能弘扬道德，修养气度，恪守士人之责，勤勉不懈，勿违孝道，则诸事可定矣。"

曹操亦是深谙权谋之道的智者，对于贾诩的含糊其词，他愈发渴望探寻对方的真实看法。

在曹操的连续追问下，贾诩终是无法继续回避，只好坦言道："臣方才沉思之际，心中忽忆起数人，故未能即刻回应。"

曹操随即追问："是何人？"贾诩回答道："袁本初、刘景升父子。"这一回答，虽非直接表述，却已明确表明了贾诩的立场。他以袁绍、刘表为例，暗指曹操不可因私情而废长立幼，破坏立嗣的传统规矩，从而引发内乱。

曹操听后大笑，贾诩也放下了始终悬着的心。

贾诩的回答虽然看似简单，但背后其实蕴含了“不争即争”的深刻智慧。在曹操这样的高手面前，耍小聪明往往只会适得其反，像曹植和杨修那样就是前车之鉴。在大人物面前，表现出稳重、本分和孝顺的品质，更容易得到他们的青睐和赏识。

曹丕就是一个很好的例子，他采纳了贾诩的建议，最终成功成为曹操的接班人。在这个过程中，贾诩也起到了暗中帮助的作用。曹操向贾诩咨询立世子之事时，贾诩巧妙地用袁绍和刘表废长立幼的教训来提醒曹操，促使曹操最终决定立曹丕为世子。

曹丕登基后，对贾诩的恩情自然也是铭记在心。他封贾诩为太尉，并进爵为寿乡侯，使贾诩达到了仕途的巅峰。在那个动荡不安的时代，贾诩顺遂地活到了七十七岁，这也证明了他在政治斗争中的策略是成功的。

嘴要严：事以密成，语以泄败

破局思维

“夫事以密成，语以泄败”，这句话揭示了保密对于成功的关键作用，同时警示我们，言语不慎可能导致失败。韩非子对此也阐释过，机密泄露的源头未必直接源自言者本身，而往往因言谈中无意触及隐秘之事所致。在此情境下，言者将处于极大危险之中。

这也提醒我们，在处理重要事务时，务必恪守保密原则，谨言慎行，以免因信息泄露或言语不当而引发不必要的风险和麻烦。

破局解读

从人性的视角出发，“事以密成”揭示了人们对秘密的天然渴望与好奇心。我们身处信息爆炸的时代，每个人都竞相成为信息的掌控者，以获取某种优势或控制力。然而，保密则是对这种天然欲望的一种抵抗和约束，它不仅关乎个人利益，更对团队的凝聚力和组织的稳定性至关重要。

因此，“事以密成”这一原则警示我们，必须学会控制自己的好奇心，尊重他人的隐私和权益。任何形式的秘密泄露都可能导致人际关系的破裂和信任的丧失，进而对个体和集体造成不可挽回的损失。

此外，“事以密成”也涉及心理层面的考量。在面临挑战时，人们往往会因为焦虑不安而急于透露自己的想法，以寻求他人的支持。然而，这种支持并不可靠，且一旦计划被透露出去，其原本的吸引力便会大打折扣。因此，“事以密成”亦提醒我们，在寻求帮助的时候，更要学会保持冷静，避免因一时的冲动而泄露秘密，从而确保计划的成功。

破局故事

公元前74年，汉昭帝刘弗陵的猝然离世，带给了大汉朝一个继承难题。鉴于汉昭帝年幼且无子嗣，皇位之空缺使得大臣们只能从昭帝之兄弟或其子嗣中择选继位者。最终，经众臣推举，汉昭帝五哥之子刘贺登上了皇位。

据史籍记载，刘贺在登基之后，并未依照礼制前往汉高祖太庙进行拜谒，从而未能完成皇帝登基的全部仪式。值得注意的是，刘贺虽未拜谒汉高祖，却即刻遣使以三副“太牢”之礼祭祀其父昌邑哀王刘髆，此举透露出浓厚的政治意味，表明刘贺拒绝承认汉昭帝为其“嗣父”。

随后，刘贺的又一举措更是震动了朝野。他任命自己在昌邑时的相国为长乐卫尉，此举无疑意味着他欲将势力渗透至禁军之中。更为关键的是，这一任命也使权臣霍光面临前所未有的挑战。因为长乐卫尉的职责之一是保护汉昭帝的皇后，即霍光的外孙女、现今的皇太后上官氏。刘贺此举不仅削弱了霍光对禁军的控制，更威胁到了霍光借皇太后之口发号施令的权力。

霍光之所以能在朝廷中独揽大权，一方面因其受汉武帝托孤、辅佐汉昭帝的特殊地位，另一方面则在于他身为皇太后上官氏的外祖父，能够借助皇室权威发声。然而，刘贺对汉昭帝嗣子身份的否定及对其亲信的任命，无疑对霍光在朝廷的稳固地位构成了严峻挑战。

刘贺与其昌邑旧臣策划了彻底清除霍光的计划，然而这一计划因昌邑国中尉王吉和郎中令龚遂的及时阻止而泄露。面对这样的威胁，霍光决定采取行动。他废黜昌邑王刘贺，充分展现了一个高明政治家处理事务的果敢与智慧。

霍光从与心腹商议废帝事宜，到精心准备，再到通知丞相、说服众臣，最后联合上奏皇太后废掉皇帝，整个过程中，丞相、众臣、皇太后、皇帝刘贺及其势力均被蒙在鼓里，直至消息公布之时才如梦初醒。整个政变过程未遇任何阻力，便在众人惊愕中顺利结束。

刘贺所依附的势力在毫无准备的情况下被全部逮捕，其中大多数人随后遭到了处决，且未表现出任何反抗。

霍光在保密工作方面展现出了极高的严密性，这一点令人叹为观止。事实上，保密工作并非易事，能够出色完成的人寥寥无几。历史上众多人物都因泄露机密而遭受挫折甚至失败，这再次证明了保密工作的重要性。

学会装糊涂，安身立命的法宝

破局思维

维特根斯坦曾言：“凡可言之物，皆应言之清晰；凡不可论及之事，则应缄默不语。”在人际交往中，一种常见的装糊涂策略为保持沉默，即故意表现出对某事未能充分理解或注意，从而避免发表意见或评价。然而实际上，内心却对事情了如指掌。

破局解读

在与人交往时，我们要理解“求同存异”的原则。每个人的想法都是独特的，这是很自然的事。遇到意见不合的朋友时，别急着疏远或争执，试着倾听他们的观点。毕竟，每个人的经历不同，看法自然也会有所差异，这是很正常的现象。

我们要保持开放的心态，不仅要能接受赞美和赞同，也要能容纳不同的声音和意见。即使觉得对方的观点不完全正确，也不要急于反驳，而是应该耐心听完。在交流时，语气要平和友善，避免使用尖锐或嘲讽的言辞，这样才能让对话顺利进行。

此外，我们还需要学会放宽心态，不要过于计较。在朋友之间，一些小事情就让它过去吧，不必总是抓住不放。这样，我们才能相处得更加融洽，路才能越走越宽。

破局故事

在曹魏元帝景元四年的八月，权臣司马昭看到了蜀汉国力衰弱、内部争斗激烈的时机，于是命令大将钟会和邓艾率领军队从两个方向攻打蜀汉。到了十一月，邓艾的军队一路连胜，直接打到了成都城下。蜀汉的皇帝刘禅一看形势不妙，知道自己已经没有胜算了，就带着太子刘璿、其他王族成员和60多位大臣出城投降了曹魏。同时，他还派人去告诉正在剑阁作战的大将军姜维，让他也向曹魏的将领钟会投降。就这样，存在了42年的蜀汉政权正式灭亡。

刘禅被曹魏的军队带到洛阳后，魏元帝曹奂封他做了安乐公，司马昭对他也非常客气，经常请他吃饭。有一次，司马昭为了试探刘禅，就让人演奏和表演起了蜀汉的音乐和舞蹈。看到这些，蜀汉的旧臣们都很伤心，但刘禅却像没事人一样，还笑呵呵地。司马昭看到这一幕，私下里跟他的亲信贾充说："这个刘禅真是没心没肺啊，就算诸葛亮活着，也扶不起这样的皇帝。"

后来，司马昭问刘禅想不想回蜀地，刘禅却笑着回答说："此间乐，不思蜀。"曾任蜀汉大臣的郤正觉得刘禅这么说太不合适了，就悄悄告诉他，下次如果再被问到这个问题，就要哭着说"先人的坟墓在蜀地，我每天都想回去"。刘禅听了之后，沉思点头。

果然，司马昭又问了刘禅这个问题。这次，刘禅按照郤正的教诲回答，但因为他太紧张了，没有眼泪，只好闭上眼睛假装在哭。司马昭一看就知道刘禅是装的，就故意说："你这话怎么和郤正说得一模一样？"刘禅一听，马上睁开眼睛，惊讶地说："对，就是郤正教我说的。"结果，大家都忍不住笑了起来。

一句"此间乐，不思蜀"确实让刘禅看起来像个没心没肺、厚颜无耻的人，再加上"诚如尊命"这句话，更让人觉得他有点弱智。经过《三国演义》一书的渲染，刘禅在大家心中的形象就更加不堪了。但真实的历史可能并非如此。

综合各种历史资料，刘禅其实是个深藏不露、聪明绝顶的政治家。

向来严谨的诸葛亮也夸他“天资仁敏，爱德下士”，这说明他并不是一个愚蠢的人。

在蜀汉灭亡后，为了自己和家族的安全，刘禅选择了极度低调的生活方式。他甚至不惜自贬形象，忘掉曾经的辉煌和尊贵，宁愿被人骂作愚蠢、昏庸，也要装成痴人、蠢人，以此麻痹敌人。在那种残酷、冷漠、充满杀机的时代，他这样做是为了延续自己和家族的生命。这种智慧和自制力，并不是每个人都能拥有的。

因此，当面对一个狡猾且残忍的当权者司马昭，以及他充满隐藏杀意的提问时，作为亡国君主的刘禅，并没有选择低声下气地乞求，也没有假装强硬地耍横。他选择了一种看似愚蠢、自贬形象的方式来应对，装傻充愣。结果，在大家的笑声中，司马昭的虚荣心得到了满足，因为他觉得刘禅不过是个傻子，从而对其失去了杀心。而刘禅也成功达到了他的目的，虽然损失了自己的名声，但保住了自己和家人的性命，这对他来说是非常值得的。

藏锋露拙，匿其锐示其弱

破局思维

《易经》有云:“君子藏器于身，待时而动。”这里说的“器”，就像是我们的“锋芒”或“锐气”。对于年轻人来说，过早地展现自己的锋芒，往往坏处比好处多。锋芒就像额头上长出的角，尖锐且容易伤到别人。如果我们自己不主动收敛锋芒，或者学会隐藏它，时间一长，就可能被别人不容，甚至可能被迫削去这个“角”。所以，在时机还没到，条件还不成熟的时候，我们应该学会收敛自己的锋芒，保持低调，等待合适的时机再展现自己的能力。

破局解读

《菜根谭》有云:“君子之才华，玉韫珠藏，不可使人易知。”才华横溢固为美事，然若时时在人前炫耀显摆，则美事反成祸端。观古览今，诸多英才豪杰因不懂“藏锋”之道，终致下场凄凉。

真正的高手在待人处世时，尤为注重藏锋露拙、匿锐示弱。此处的“藏锋露拙，匿锐示弱”并非意在埋没个人才能，而是旨在自我保护，避免祸患，进而更好地施展自己的才华与专长。追求卓越与超凡出众，本是积极向上的人生态度。然若一味孤芳自赏，无视周遭环境，则易与人产生隔阂，招致反感，进而遭人忌恨，处处设阻。

破局故事一

晚清的杰出重臣曾国藩，以其卓越的政治智慧和深邃的处世哲学，在波诡云谲的官场中巧妙规避风险，被誉为“晚清第一名臣”。

同治三年，曾国藩及其兄弟率湘军攻克天京（南京），举国欢庆，连皇帝也为之振奋。然而，面对如此显赫的功绩，曾国藩却清醒地认识到功高震主，易招祸患，危及身家。

因此，在呈递给朝廷的奏折中，他谦逊地表示:“臣统军过多，今拟裁撤三四万人，以节省开支。”此举不仅体现了他的政治智慧，也彰显了他对清廷的忠诚。

基于对清廷政治生态的深刻理解和对弟弟曾国荃性格的精准把握，曾国藩在裁撤湘军的同时，奏请曾国荃因病告假，返乡调养。当时，曾国荃因攻破天京后的行为而备受争议，清政府亦担忧其影响力过大，故有此意。曾国藩此举，既满足了清廷的意愿，又为弟弟保全了名声。

尽管曾国荃当时对曾国藩的决定感到不解甚至怨恨，但随着时间的推移，曾氏家族在官场中安然无恙，足见曾国藩的“藏锋守拙”之道具有先见之明。

尽管曾国藩在平定太平天国起义中立下赫赫战功，但他始终保持着清醒的头脑，明白权力背后的风险。因此，他选择了一个合适的时机，以身体抱恙为由，申请返乡休养，以此巧妙地避开了官场的权力争斗。

这种“藏锋守拙”的智慧，不仅让曾国藩在复杂的官场中保全了自己，还赢得了后人的高度赞誉。他的人生经历充分展示了内敛与谦逊的重要性，成为许多人学习和模仿的榜样。

“藏锋守拙”并不是说要隐藏自己的能力和潜力，而是要在合适的时机和场合下，选择保持低调和内敛。这种内敛的智慧，就像深不见底的湖泊，表面看似平静，但底下蕴藏着巨大的能量。懂得“藏锋守拙”的人，知道在人生的道路上，不应该张扬和炫耀，而是要默默地积蓄力量，等待时机到来。

破局故事二

王僧虔，作为王羲之的第四世族孙，是南朝宋、齐时期享有盛名的书法家。据《南齐书》所述，自幼聪颖异常，四岁便能背诵《诗经》与《论语》，七岁便能作诗写文，到了二十岁，已精通隶书之技艺。他喜好文史，精通音律，擅长真书与行书，其书法风格承袭了王氏家族的传统，显得丰厚淳朴，骨力十足。他与王羲之、王献之并称为“三王”，在王羲之、王献之之后再次光耀书法界。

宋文帝刘义隆曾对王僧虔书写的一幅白绢扇面书法赞叹不已，称：“非唯迹逾子敬，方当器雅过之！”意为王僧虔的书法不仅超越了王献之，其典雅的气度则更胜一筹。唐代书法评论家张怀瓘在《书断》中亦对其隶书及行书给予“妙品”的评价，草书则为“能品”。

宋文帝去世后，宋孝武帝刘骏即位，他同样擅长书法，并时常与王僧虔切磋。王僧虔深知新帝的性格，因此在他面前故意收敛锋芒，以拙笔书写，让宋孝武帝每每自鸣得意。这便是“拙笔自保”之典故的由来。

到了齐代，齐太祖萧道成亦对书法情有独钟，并时常与王僧虔比试。一日，萧道成心血来潮，召时任丹阳尹的王僧虔入宫比试书法。比试后，太祖问：“朕与公卿书法，谁是第一？”王僧虔巧妙地回答：“臣书第一，陛下亦第一。”太祖追问：“第一岂能有二？”王僧虔从容不迫地解释：“臣的书法在大臣中排名第一，而陛下的书法则在历代帝王中堪称第一。”太祖听后大笑，对王僧虔的机智应对表示赞赏。这段对话不仅体现了王僧虔的机智与智慧，也展现了他面对皇权时的谨慎与机智，成为中华书法史上的一段佳话。

王僧虔的仕途经历可以说是一个入仕范本。他一生拙笔自保，擅长处理和经营与皇帝之间的关系。他深谙书法中“藏锋”的道理，因此历经数朝而不倒。

不要喧宾夺主，摆正自己的位置

破局思维

做人需明确自身定位。你的位置决定了你的角色，进而决定了你应说的话和应做的事。若不能清晰认知自己的位置，便可能越界行事，自以为是，这不仅会耗费精力，还可能得罪他人，失去人心。即便才华横溢，若无法恰当展现，也可能遭遇怀才不遇的困境，难以得到应有的重视和任用。

破局解读

尼采曾言：“摆正自己的位置，唯有自我尊重，方能拥有改变一切的力量。”人生最忌之事，莫过于无法准确找到自己的定位。

切莫将自己过分抬高，因为在这个世界上，总有比自己更为杰出之人；切莫过于自卑，因为每个人都是各自人生的主角，而这个世界，亦有无数舞台等待各显神通。破局者亦须保持清醒的头脑，摆正自己的位置，认清自己的能力，了解自己的分量。一个人唯有保持谦逊低调的姿态，谨慎行事，学会明确自我定位，方能成就更好的自我。

破局故事一

本书中多次提及曾国藩，对他的品行给予了高度的赞扬，许多人更是尊称他为“千古第一完人”。他能成事，与有一点是分不开的，就是他始终能够保持冷静的头脑，精准地评估自己的能力，以及清晰地认识到自己所处的位置。

当他初入翰林院时，因未出席上司赵楫其父入京的宴会而得罪赵楫。然而，随着他仕途的顺畅，官职逐渐超越了赵楫，使得赵楫即使有不满也无处发泄。然而，好景不长，曾国藩因遭受弹劾而官职骤降，再次成为赵楫的下属。在此期间，他频繁受到赵楫的排挤和打压。

一次，他因皮肤病发作而无法久坐，遂向赵楫请假。然而，赵楫却以嘲讽的口吻拒绝了他的请求，声称：“你才被降职，就欲请假，是否轻视本官？你的假期，我不予批准！”面对此等境况，曾国藩并未动怒，而是继续坚守岗位。

在日常生活中，赵楫一有机会便对曾国藩进行嘲讽，甚至四处散布他的不实之词。然而，曾国藩对此并不在意，他将全部精力都投入工作中。这种态度，正是他深知自己身份和位置的表现。

当他身处高位时，他从不傲慢；当他被贬至低位时，他也从不自卑。他能够始终保持心态的平衡，这正是他的过人之处。

古人云:“不为浮云遮望眼，自缘身在最高层。”曾国藩正是这种心态的践行者。无论处于人生的哪个阶段，他都能清醒地认识到自己的不足，并努力寻求改进。曾国藩正是拥有这样的智慧，他从不满足于现状，始终追求自我提升。

在漫长的人生旅程中，他始终保持着冷静和理智。无论身处何种位置，他都能以平常心对待。这种态度使得他的人生变得辽阔而高远。古人言:“君子务本，本立而道生。”这正是曾国藩的人生哲学。他始终能够找准自己的位置，不越位、不错位，努力提升自己，超越自己。他的一切成就，都自然而然地得以实现。

破局故事二

徐达和朱元璋是从小一起长大的好朋友，他们以前还给地主家放过牛。后来他们一起参加了起义军，有一次朱元璋遇到了危险，还是徐达单独去救了他。但是，虽然他们的关系很铁，但朱元璋当上首领后，徐达每次有重要的事情都会先问朱元璋的意见。

在公元1359年，徐达和常遇春打了一场大胜仗，俘虏了很多人。但接下来，他们两个人在怎么处置这些俘虏的问题上有了分歧。常遇春觉得应该杀掉他们，因为这些人很厉害，不杀他们的话，以后可能会成为敌人。但徐达不同意，他觉得朱元璋有命令说要善待俘虏，如果随便杀掉，那以后还有谁会愿意投降呢?

因为意见不合，徐达决定给朱元璋写封信，问问他怎么办。但就在这个时候，常遇春没等到回信，自己就把很多俘虏都杀了。等朱元璋的回信到的时候，大部分俘虏都已经死了。朱元璋知道后非常生气，命令把剩下的俘虏都放了。虽然朱元璋也没有因此事处罚常遇春，但是提拔了徐达，让他负责统率其他将领。

公元1370年，朱元璋决定派徐达率领大军去攻打元将扩廓帖木儿。扩廓帖木儿是元朝一位非常厉害的将领，他并没有轻易屈服。一天晚上，他派出了一支精锐的军队，悄悄地从小路出发，打算偷袭明军的东南营垒。

明军的守将胡德济没有预料到这次偷袭，所以他非常惊慌，整个营地都乱成了一团。幸运的是，徐达及时得知了这个消息，他迅速组织军队反击，成功击退了元军的偷袭，避免了更大的损失。

徐达治军非常严格，战后他查清了责任，发现有几位副将没有尽到职责。于是，他毫不留情地将这些副将斩首示众，以儆效尤。但是，对于主将胡德济，徐达并没有直接处理。原来，胡德济是朱元璋的朋友胡大海的儿子，朱元璋和胡大海之间有着深厚的情谊。徐达担心自己处理不当会得罪朱元璋，所以他决定把胡德济押送到京城，让朱元璋来决定。

朱元璋收到这个“烫手的山芋”后，他并没有直接处罚胡德济。他回忆起胡德济以前立下的战功，决定给他一个改过自新的机会。于是，他释放了胡德济，并写信给徐达说:“将军，你这次处理得很好，但也要学习古代名将的智慧。你放了胡德济，就像卫青没有杀苏建一样。但你也要知道，穰苴是怎么对待庄贾的。将军以后不要再对这种事情姑息了。”朱元璋的意思是，虽然这次他放了胡德济，但徐达以后不能再对这种事情手软，要严格按照军法来办事。

在历史上，朱元璋在登基称帝之后，对功臣的处置堪称严厉，即便是对立下赫赫战功的徐达，他亦未能完全放心。闲暇之余，朱元璋时常与徐达共饮，并以布衣兄弟之礼相待。然而，尽管皇帝如此示好，徐达始终保持着清醒的头脑，对朱元璋的礼遇从未有过丝毫的轻视，反而在皇帝面前表现得更加恭敬与谨慎。

朱元璋曾对徐达说："徐兄功高盖世，至今尚未有安身立命之所，我愿将旧宅赠予你。"这里所说的旧宅，正是朱元璋昔日身为吴王时的居所。按照礼制，皇帝所居之地，旁人岂可随意居住，更遑论据为己有了。徐达深知其中利害，坚决推辞，不肯接受这份厚礼。

有这么一天，朱元璋再次邀请徐达饮酒，从正午时分直至夜幕降临，徐达不胜酒力，醉意朦胧。此时，朱元璋下令内侍："将中山王送至旧宅歇息。"待至夜半，徐达酒醒，发现自己身处陌生之地，不禁疑惑地问道："此处是何地？"内侍回答道："将军，您此刻正安寝于皇上的旧宅之中。"徐达闻言大惊失色，急忙翻身下床，疾步至宫殿之下，向着北方恭敬地连拜两拜，又磕头三次，然后才匆匆离开旧宅，返回自己的府邸。

朱元璋得知此事后，不禁哈哈大笑，对徐达的忠诚与谦恭深感满意："徐达果然是我不可或缺的肱股之臣，他对我并无二心。"于是，他下令在旧宅前为徐达建造了一座新的府邸，并在宅前的石坊上亲笔题写了"大功"二字，以表彰徐达的卓越功勋。徐达也因此成为朱元璋手下为数不多得以善终的功臣之一。

无谓的意气之争要不得

破局思维

在竞争激烈的世界里，每个生物都需要争夺资源才能生存。但是，争斗也是有区别的，有必要的争斗，也有无谓的争斗。

当你为了争取更多的权力和利益而争斗时，这是有意义的。这样的争斗能够让你变得更强大，帮助你实现自己的目标。但是，如果你只是为了炫耀自己或者出于嫉妒而争斗，那就是没有意义的。这样的争斗不仅不能带给你任何好处，还可能让你失去更多。

破局解读

亦舒曾言：“聪明人，无谓争意气。”在世俗的眼中，人们常以为活着便是为了争取尊严与地位，以至于不能服输，不愿被他人轻视。然而，许多人因过度在意无谓的意气之争，致使自己陷入苦楚之中，落得个有苦难言的处境。

真正的强者，他们不活在他人的眼光之中，而是专注于自我。他们深知“不在乎”的真谛：不在乎外界的虚荣与攀比，更不为了面子而争强好胜。他们明白，生活是属于自己的，与他人并无过多关联。因此，他们选择以平和的心态，安静地经营自己的生活，这才是最重要的，无须张扬与炫耀。

破局故事一

娄师德，河南原阳人，是唐代著名的宰相和将领。他两次担任宰相，这在唐朝这个人才济济的时代是非常少见的，足以说明皇帝对他的看重。

公元692年，娄师德被调到京城，官居要职。第二年，武则天提拔他做了宰相，那时候他已经六十三岁了。

有一次，他弟弟要去做代州刺史，娄师德去送他。他担心弟弟因为自己的地位和弟弟的新职位而遭到别人的嫉妒，就问弟弟怎么保护自己。弟弟说：“如果有人朝我脸上吐唾沫，我不还手，只擦掉它。”但娄师德说：“你这样擦掉，会让人觉得你不服，更会让那个人生气。你应该让唾沫自己干。”这就是“唾面自干”成语的由来，也从侧面证明了娄师德的大度和包容。

娄师德自己也是一个很低调的人。他以前在西北带兵屯田时，从不摆架子，和士兵们一起干活，一起种地、浇水，士兵们都很尊重他。他和其他官员相处时也是这样，总是很低调，这也显示出了他的智慧。

娄师德和李昭德是同事，他们一起上朝。娄师德因为身体有点胖，腿还有点问题，所以走得比较慢。李昭德性子急，等得不耐烦了就抱怨说："娄师德，你真是慢得像个乡巴佬。"但娄师德听后只是笑笑，回应说："如果我不做乡巴佬，那还有谁能做呢？"

娄师德这种低调、不与人争的性格，让狄仁杰觉得他过于圆滑，没有担当。所以狄仁杰经常对他有些排斥，但娄师德并不放在心上。

武则天看到了这一切，觉得娄师德很委屈。她问狄仁杰："你觉得娄师德是个贤能的臣子吗？"狄仁杰回答说："我只知道他是个谨慎守边的将领，至于是不是贤臣，我就不知道了。"其实他的意思是，他觉得娄师德不咋样。

武则天又问："那娄师德有没有识人的才能呢？"狄仁杰说："我和他同朝为官，但从未听说他善于识人。"

这时，武则天告诉狄仁杰："我之所以让你当宰相，就是因为娄师德向我推荐了你。他真的很会识人用人。"

狄仁杰听到这话后，感到很惭愧。他后来感叹说："我总是和他过不去，娄师德却能包容我。他的品德真是高尚，我看不到他的边界。"

娄师德的宽容并非仅仅是性格使然，更是他深谙世事、明辨是非的体现。他知道，在复杂纷扰的官场中，无谓的意气之争只会消耗自己的精力，甚至可能损害到国家和人民的利益。因此，他选择了宽容与忍让，将更多的精力投入建功立业之中。这种宽广的胸怀和远大的格局，使得他能够在历史的洪流中保持清醒的头脑，成为一代名臣，为后世所敬仰。

破局故事二

曾国藩在岳麓书院学习时，他有个同学性格特别暴躁，经常无缘无故地找曾国藩的茬。

有一次，曾国藩正在窗边认真读书，那个同学又来了，他很不高兴地说：“你能不能换个地方读，你的影子挡住了我的光。”面对这样的无理要求，曾国藩没有发火，也没有回嘴，只是默默地换了个地方继续读。

到了晚上，曾国藩还在读书，那个同学又生气了：“你白天不读书，大晚上还吵人，你到底想干吗？”面对这样的指责，曾国藩还是没有回应，只是继续默默地读。

后来，曾国藩经过努力考上了，而那个同学没考上，还怪曾国藩：“就是你占了好位置，害我没考上。”曾国藩听了也不生气，他知道和这种人争论没有意义。

和心胸狭窄的人争利益，他们可能会不择手段。与其这样，不如选择不和他们争，这样可以避免很多不必要的麻烦，生活也会更轻松。

遇到事情不争论，可以避免潜在的麻烦；对人宽容不争论，可以避免不必要的争吵。虽然不争看起来像是在逃避，但实际上这是一种智慧，以退为进。

曾国藩告诉他的儿子曾纪泽：“从古到今，失败的人往往有两个原因：骄傲和多话。就像丹朱一样，他就是因为太骄傲和多话才失败的。”曾国藩觉得，用言语去压制别人，即使赢了，对方也不会真心服气。在与人相处时，保持谦逊和少说话是很重要的。争吵往往解决不了问题，只会让人更加冲动。一个人如果总是抱怨，最后只会让自己陷入困境，别人也不会服他。过多的抱怨和不满，最终只会伤害到自己。曾国藩主张少说话，实际上就是告诉我们遇到事情不要纠缠不休，少去争论，特别是那些没有意义的争吵。

第六章

张嘴三分利，破局高手的语言艺术

“张嘴三分利，不给也够本”原指生意场中，卖家应热情招揽顾客，货卖出有利赚，卖不出有货在，并不亏本。真正的破局高手往往具备卓越的表达能力。他们能够精准、清晰地阐述自己的思想、见解和情感，从而有效避免误解和不必要的纷争。他们擅长运用恰到好处的言辞，既能坚守自己的立场，又能设身处地地考虑对方观点，以达成双方共识。

说“好”容易，说“不”难

破局思维

一个人若能够娴熟地提出拒绝、明智地权衡得失选择进退，必将减少人生中的曲折，活得更加透彻且充实。然而，在现实生活中，我们常因顾及情面而难以说出“不”字，因恐惧内疚而犹豫不决，最终可能无意间使自己陷入进退两难的境地。因此，学会适时且轻松地表达“不”，是破局者的语言必修课。

破局解读

在人生的旅途中，很多时候，我们因为“过于顾及他人感受”而将原本应该轻松自在的生活变得沉重不堪。当面对不合理的要求时，我们往往因为顾及面子而难以拒绝他人，最终却让自己承受了不必要的痛苦和辛劳。

这种“过于顾及他人感受”的行为，虽然看似出于善良，长此以往却可能将自己推向无法挽回的境地。真正的情商高，并非仅仅体现在迎合与讨好上，而是建立在坚守个人底线和原则的基础之上。

人生如同一场单程的旅行，只有在学会适时拒绝之时，我们才能够泰然自若地面对世间百态。而学会说“不”，并不意味着直接而生硬地表达拒绝，而是要在交流中巧妙地融入这一意愿，通过含蓄委婉的语言表达拒绝，以达到最佳的沟通效果。

破局故事

萧俛是一位唐朝的宰相，其先祖为西汉开国丞相萧何。有一天，唐穆宗下了一道命令，要求萧俛为已经去世的成德军节度使王士真撰写一篇神道碑文，用来纪念他。

萧俛接到这个命令后，却表示了拒绝。他向穆宗皇帝解释说：“我个人的性格和眼光有些狭隘，而且王士真的儿子王承宗并不愿意听从朝廷的命令，他的人品也没有什么值得称赞的地方。所以，如果让我写这篇神道碑文，我可能不会刻意去美化他。然后，按照惯例，写好神道碑后，王家会赠送礼物来表示感谢。如果我拒绝接受这些礼物，那就违背了朝廷安抚藩镇的策略；但如果我接受，又违背了我自己的意愿和原则。因此，我真的不愿意写这篇神道碑文。”

穆宗皇帝听了萧俛的解释后，认为他敢于直言，没有因为顾及皇帝的命令而违背自己的原则，于是对萧俛表示了赞赏和嘉奖。

从表面上看，萧俛似乎是为了维护自己作为士大夫的尊严，才拒绝了皇帝交给他的工作，但实际上背后有着更深层次的考虑。在古代的君王时代，皇帝最看重的是臣子的忠诚度和办事能力，这远比士大夫的名声更加重要。如果一个臣子不能为皇帝办事，只会追求名声和荣誉，那么他是很难得到皇帝的重用的。

然而，尽管萧俛拒绝了这次任务，唐穆宗却给了他嘉奖。要理解这一点，我们需要将这件事放到唐穆宗执政时的社会背景下来看。萧俛的话实际上有着更深层的含义，可能是在提醒唐穆宗：王承宗（王士真的儿子）的不服从朝廷命令，实际上是一种对朝廷权威的挑战。这些话语直接触动了唐穆宗的心弦，萧俛的拒绝和直言，实际上是在为朝廷的权威和尊严发声，这样的态度和行为，正是唐穆宗所欣赏和需要的。

唐朝自唐玄宗天宝年间发生安史之乱后，地方藩镇势力逐渐壮大，各地的将领拥有了大量的财力和人力，开始不再听从朝廷的命令，自行任命官职，形成了一种各自为政的局面。到了唐穆宗的父亲唐宪宗时期，在名相裴度的帮助下，朝廷开始着手削弱这些反叛的藩镇势力。一些原本观望的藩镇将领也开始归附朝廷，但那些实力强大的藩镇仍然保持着半独立的状态。

“成德军节度使”王士真就是这些有实权的藩镇节度使之一。他原本是成德军节度使李惟岳的下属，后来协助父亲王武俊杀了李惟岳，并自封为节度使。王武俊死后，王士真更是未经朝廷任命，就自封为留后，继续担任节度使。王士真死后，他的儿子王承宗、王承元相继继承了这一位置。王家在成德军中经营了四代，已经形成了一个独立王国，朝廷很难直接控制。

唐穆宗作为唐朝的皇帝，他下令让萧俛为已故的王士真撰写神道碑文，其实是想用朝廷的荣誉来笼络这些藩镇势力，避免他们公然反叛。但萧俛并没有接受这个命令，而是找了一些借口来推脱。然而，他这么做其实是有充分理由的。

首先，王家历来不遵从朝廷号令，若朝廷仅采取拉拢策略，其效果必将有限。若为王士真撰写神道碑文，恐令那些真正效忠于朝廷的藩镇心生失望与寒意，同时也可能助长那些图谋不轨的藩镇气焰，使其更加嚣张跋扈。

王家目前虽表面归顺朝廷，但历代对朝廷皆持反复无常之态。例如，王承宗之祖父王武俊曾联合幽州节度使朱滔举兵叛乱，自立为赵王，后因内部矛盾及叛乱形势不利，方重新归顺朝廷。在王士真担任成德军节度使晚期，因唐宪宗英明手腕，既对王家加官进爵以示拉拢，又对公然反叛之藩镇实施军事打击，使成德军在那时表现恭顺，年年向朝廷进贡大量财货。

然而，相较于河朔三镇中的卢龙、魏博二镇，成德军对朝廷的忠诚仍显保留。而王承宗，相较于其父，更似一匹难以驯服的野狼。在唐穆宗时期，他曾发动叛乱，但因实力不足，最终又选择归顺朝廷。

唐宪宗之所以能稳住成德军，关键在于其采取了军事威慑与封官拉拢的双重策略。而今唐穆宗面对潜在叛乱的藩镇，若仅依赖拉拢手段，恐难奏效。

其次，萧俛并不是最合适的人选来撰写神道碑文。唐穆宗作为皇帝，需要小心翼翼地平衡三种不同的势力：首先是那些常常反叛朝廷的藩镇势力；其次是朝廷内部的大臣们，他们代表着贵族士大夫的力量；最后就是由宦官领导的左右神策军，他们负责保护皇帝和京城的安全。

穆宗皇帝之所以能够坐上皇位，很大程度上是因为得到了朝廷大臣和神策军的支持。而唐宪宗之所以能够压制那些反叛的藩镇，也是因为有了以裴度为代表的大臣们的帮助。萧俛来自兰陵萧氏，这是一个在唐朝非常有影响力的贵族世家，家族中曾有10人担任过宰相。

如果萧俛为藩镇势力的代表撰写神道碑文，可能会带来两个问题。首先，这可能会让朝廷的大臣们觉得与藩镇有了勾结，这会破坏朝廷的权威和稳定。其次，这也会让神策军感到不满和猜忌，因为他们可能会觉得皇帝在偏袒藩镇，这会破坏皇帝与神策军之间的信任关系。特别是，唐穆宗曾经派遣神策军去进攻藩镇，虽然最后没能成功，但神策军是皇帝最信任的力量。如果萧俛真的写了这篇碑文，他不仅会让神策军感到失望，还可能打破朝廷内部这三种势力之间的平衡，从而引发更大的政治混乱和动荡。

最后，当时民众对朝廷的“风评”极差。想想看，唐宪宗时期，朝廷能搞定成德军，让王承元交出地盘，他还帮忙对付其他不听话的藩镇，还是非常注重朝廷给的声誉。但现在，如果让萧俛这个高级官员去为王士真写碑文，那朝廷的名声可就砸了，大臣们也会很不高兴，萧俛自己也会被人说三道四。这样一来，皇帝就两头不是人，既讨不了藩镇的好，也平息不了大臣们的怨气，完全是吃力不讨好的事。

所以，萧俛就拒绝了皇帝的要求，他考虑得很周到。当然，唐穆宗也很聪明，一听就明白萧俛话里的意思。身为宰相的萧俛精明之处就在于，他拒绝皇帝的时候，也考虑到了朝廷的大局。但他没有直接说出来，因为他知道权力平衡的事应该由皇帝来把握。大臣们如果管得太多，专权擅权可就危险了。

破局故事二

唐朝后期政局动荡，朝廷最大的麻烦就是地方势力割据。这些节度使手里有兵权，虽然表面上还是听从朝廷的命令，但其实心里都在盘算着怎么推翻唐朝的统治，自立为王。在所有的节度使中，李师道算是实力最强的一个。

李师道以前当过密州刺史，他权力最大的时候，控制了12个州的地方，甚至敢去试探唐朝的底线，可见他的野心有多大。而且，李师道不仅想扩充自己的实力，还想着怎么拉拢朝廷的官员和文人。他第一个想要拉拢的人，就是当时非常有名的大诗人张籍。

张籍是韩愈的得意门生，经过老师的推荐，他在朝廷里当上了官。他品行端正，很有才华，曾经担任过“国子司业”这个重要的职位，深受皇帝的赏识。李师道对张籍非常敬佩，特别喜欢读他的诗。由于张籍在朝廷里威望很高，李师道想把他拉到自己这边来，增强自己的势力。

然而，张籍并不看好李师道。他觉得李师道虽然表面上风光，但未必长久，可能还会垮台。所以，张籍想拒绝李师道的邀请。可是，李师道非常执着，他多次派人去劝说张籍，希望他能加入自己的阵营。这让张籍感到非常烦恼，因为他不想跟李师道这样的人有瓜葛。

张籍经过深思熟虑后，终于想到了一个合适的方法。他提笔写下了一首名为《节妇吟寄东平李司空师道》的诗，并托人送给了李师道。这首诗的内容是这样的：“君知妾有夫，赠妾双明珠。感君缠绵意，系在红罗襦。妾家高楼连苑起，良人执戟明光里。知君用心如日月，事夫誓拟同生死。还君明珠双泪垂，恨不相逢未嫁时。”

在这首诗里，张籍巧妙地把自己比作“妾”，把唐朝比作自己的“丈夫”，而“君”指的就是李师道。他用“君知妾有夫，赠妾双明珠”来表达李师道对自己的赏识，同时“感君缠绵意，系在红罗襦”则透露出自己愿意接受这份赏识的意思。但这里的“愿意”其实只是张籍为了拒绝而做的铺垫。

张籍的策略是，在拒绝之前，先对实力强大的李师道表示一定的认可，这样可以为后面拒绝的话语减轻冲突。他通过这首诗，既展示了李师道的诚意，又表达了自己对唐朝的忠诚，以及无法背叛自己“丈夫”的决心。这样的拒绝方式既不失礼貌，又坚定了自己的立场。

后面写的“妾家高楼连苑起，良人执戟明光里。知君用心如日月，事夫誓拟同生死”，大概意思是我丈夫（唐朝）的家就像是高耸的楼阁，连绵的园林，他手持武器，在皇宫中守卫着国家。我深知你的心意如同日月般明亮，但我已经发誓要与我的丈夫（唐朝）同生共死。这句话表达了他对唐朝的忠诚和坚守，他用最传统的“妇道”来诠释自己的“忠君爱国”，这既是对自己的肯定，也让他在道德上占据了高地。

但这些都是张籍的铺垫，他真正的意图其实隐藏在后面两句诗中：“还君明珠双泪垂，恨不相逢未嫁时。”这两句话才是他真正想要表达的。他以一种女性的口吻，将李师道赠送的“明珠”归还，并为此流下了惜别的泪水。他承认，如果早些时候遇见李师道，他可能会选择“委身而嫁”，但现实是，他已经有了自己的选择和坚守。这种表达虽然带有一些遗憾和感伤，但张籍以这样的委婉方式拒绝了李师道的邀请，既不失礼貌，又坚定地表达了自己的立场。虽然被拒绝可能会让李师道感到不悦，但张籍的言辞让他无法反驳，因为这是在坚守道德和忠诚的前提下做出的选择。

张籍，这位名副其实的“诗歌大师”，他巧妙地运用了“比兴”的手法，把自己比作一个忠诚的“节妇”，用垂泪的方式拒绝了一个“追求者”。其实，他并不是真的在拒绝爱情，而是在坚定地表明自己的政治立场和忠诚。“好女不侍二夫，忠臣不事二主”，张籍通过这首诗，不仅表达了对唐朝的忠诚，也显示了他的高尚品质。他的拒绝方式既巧妙又得体，让后人赞不绝口，甚至连李师道本人都对他称赞不已，没有感到任何不快。

从这一点来看，张籍真的是一位懂得人心的“心理学”大师。他的拒绝方式不仅避免了直接的冲突和尴尬，还让对方感到被尊重和理解。这样的拒绝方式，确实非常高明。

站在对方的立场说出有利于自己的话

破局思维

在纷繁复杂的人际往来中，并非每个人都具备左右逢源的社交能力。为了赢得他人的青睐与信任，进而顺畅地推进各项事务，除了肯定自我价值外，还需深入探究他人的潜在心理。所以，我们应当设身处地地站在对方的视角，寻求解决问题的途径，以消除其疑虑，并努力争取对方的认同与支持。

破局解读

立场是说话的基础，如果你能从对方的角度看问题，对方就会觉得你是真的理解他、关心他。这种站在对方角度说话的技巧，往往能让人更容易被说服。要实现这一点，了解对方的需求很重要，只有真正了解对方，才能站在他的立场上说出有利于自己的话。

那怎么才能了解对方呢？首先，得看看对方的实力和现在的处境；其次，多观察对方的言行，从中看出他的真实想法；最后，还得琢磨琢磨对方的心情和情绪。只有把这三点都做好，才能更容易地说服对方。

当有人质疑或责难你时，先别急着辩解或反驳，冷静下来，把事情的经过都搞清楚。如果需要，你可以告诉对方你是站在他这一边的。在说服别人时，你的态度和立场很重要。如果你不能站在对方的角度想问题，成功说服的概率是非常低的。

破局故事

公元前630年，晋国联合秦国派出大军围攻郑国，郑国是一个小国，抵挡不住当时两大国的联合进攻，亡国就在眼前。

晋国为何要伐郑呢？因为晋文公重耳在还没成为国君之前，在外面流浪了好多年，他曾经被郑国的人无礼地对待过。当秦国的军队快要攻进郑国的时候，郑国的官员们急忙告诉郑文公："现在国家危在旦夕，如果能让烛之武去见秦穆公，我觉得他能帮我们保住国家。"郑文公听了，只能死马当活马医。

于是，他们找来了烛之武，用绳子把他捆住，从城墙上吊下去，送到了秦军的营地。烛之武见到秦穆公后，说了这样一番话："大王，如果您和晋国一起攻打我们郑国，我们肯定会被打败。但您想想，就算您打下了我们郑国，管理起来也会很困难。到时候，郑国很可能会被晋国控制，那您不就白白地帮了晋国一个大忙吗？反过来，如果您放过我们郑国，让我们成为您和秦国使者之间的东道主，给使者们提供食宿，对您来说也没什么坏处。而且，您还记得吗？以前您帮过晋惠公一个大忙，他答应给您焦、瑕这两个地方。可是晋惠公一回到晋国，就反悔了，还派了重兵去守着那两个地方。如果晋文公打下了郑国，他肯定会继续往西扩张，到时候，除了秦国外，他还能去哪找土地呢？所以，您可得小心晋国利用您来扩大自己的地盘啊！"

秦穆公听了烛之武的话，觉得很有道理，于是决定不再攻打郑国，还派了三个大将去保护郑国（实为监视），不让晋国侵犯他们。然后自己带着大军回了秦国。

烛之武为什么能说服秦穆公呢？主要是因为他站在了秦国的角度，分析了攻打郑国对秦国的好处和坏处。他让秦穆公看到，攻打郑国对秦国没有好处，反而会让晋国变得更强大，对秦国不利。

同时，他还提出了一些对秦国有利的小方便，让秦穆公觉得放过郑国也不错。最后，他还用晋惠公的例子来警告秦穆公，让秦穆公更加小心晋国。这样的游说技巧真的很厉害！

讲话有分寸，讲尺度，知深浅

破局思维

《菜根谭》中说：“使人有面前之誉，不若使其无背后之毁；使人有乍交之欢，不若使其无久处之厌。”在说话上，这告诉我们要懂得一些门道、把握一种分寸，才能做到初见让人喜欢，长久不让人讨厌。

破局解读

说话确实是一门需要细心雕琢的艺术，其中的分寸、进退和尺度都非常重要。我们不能总是以“童言无忌”为借口。因为在成年人的世界里，一句话往往能改变一个人的命运。我们要时刻提醒自己，管住嘴巴就是守护心灵，这是一条不容忽视的道理。

学会好好说话，不仅能让我们在社交场合更加出色，还能帮助我们改善人际关系，甚至改变我们的生活。一个人的言谈举止，其实就是他内心世界的真实写照。性格直率并不等于可以任性妄为，我们不应该把心直口快当成不合时宜说话的借口。

不论何时何地，我们都不应该信口开河，不顾及他人的感受。这样的行为会给自己带来很多负面影响，甚至让人对你敬而远之，产生厌恶。这样的做法只会给自己的人生路上埋下隐患，得不偿失。

破局故事

在鲁庄公的时代，鲁国正值强盛之际，连续战胜了齐国与宋国两国的联军。然而，鲁国虽为强国，但仍需与大国维持友好关系，因此决定释放俘虏，其中便包括宋国的一代猛将南宫长万。

南宫长万返归宋国后，宋闵公却以轻浮的口吻戏谑道：“昔日你我之间，我为君，你为臣，须守君臣之礼。如今你竟成为鲁国之囚，我们之间的礼数也不必再守。”此言一出，南宫长万这位武将，深感自尊心受挫，愤然离席，就此南宫长万心中埋下了深深的怨恨。

六年后的某日，宋闵公在宫廷中与群臣欢聚，南宫长万为助兴，表演了一手空中抛戟的绝技，赢得众人的热烈掌声。然而，宋闵公见南宫长万风头无两，心中不忿，提议与南宫长万以围棋对决，输者罚酒。南宫长万身为武将，围棋造诣自然不及宋闵公，连输五局，饮下五杯罚酒，已有些许醉意。宋闵公却再度嘲讽道：“这阶下囚怎能赢得过君子？”此言一出，南宫长万愤怒至极，欲动手反击，幸好被旁人及时制止。

此时，恰逢周天子驾崩的消息传来，宋闵公提议派人前往吊唁。南宫长万酒后豪言：“我尚未见识过周地的繁华，愿往吊唁。”宋闵公却冷言冷语：“我宋国难道无人可用，竟要派一个俘虏前往？”此言一出，南宫长万勃然大怒，怒斥道：“你这昏君，岂不知囚徒亦有杀人之能？”

宋闵公亦不甘示弱，回击道：“你这贼囚，竟敢对我如此无礼？”说罢，竟欲抢夺南宫长万的长戟刺他。此举彻底激怒了南宫长万，他当场将宋闵公击杀。虽然南宫长万后来下场很惨，但宋闵公也是因为口无遮拦才招致了祸端。

真正懂得说话有分寸的人，他们知道什么时候、什么地方可以开玩笑，也知道什么人能开玩笑，什么人不能开。他们会先观察、再行动，而不是随口就来。

有时候我们说的一些话，可能自己觉得没什么，但听的人可能会很在意。因为每个人的性格、底线和当前的情况都是不一样的，你觉得好玩的笑话，可能别人听了就会生气。

所以，我们跟人交往的时候，说话要有度，开玩笑也要有度。真正会开玩笑的人，他们不仅会说，还会听，会关心对方的感受。他们知道什么话可以说，什么话不能说，什么样的玩笑可以开，什么样的玩笑不能开。

真正有修养的人，他们知道怎么把握分寸，不会把粗鲁当个性，也不会把恶趣味当幽默。他们懂得尊重别人，也懂得尊重自己。所以，我们在日常生活中，也要学会这样说话，这样才能让人际关系更加和谐。

说话要委婉，要留有余地

破局思维

古人曾言："处世之道，贵在留有余地，劝善之时，切戒言辞过激。"在人际交往中，路越走越窄，往往源于自身毫无顾忌的言辞与行为。若言语过于绝对，过于偏激，即便只是寥寥数语，也可能在无意间为自己埋下隐患。

真正具备广阔视野和深远格局的人，他们总是能够经过深思熟虑，权衡利弊，即使在言谈之间，也懂得保留三分余地。

破局解读

生活中，事情总会有变化，如果我们过于绝对地评价某件事或某个人，很容易让自己陷入尴尬被动的境地。有时候，为了显示威风而随意说话，最容易引发不必要的麻烦。所以，我们说话要谨慎，宁愿少说一些，也不要说得太满。

《中庸》里说：“庸德之行，庸言之谨，有所不足，不敢不勉，有余，不敢尽。”我们说话的时候，最好多从反面想一想。如果话说得太绝对、太过分，别人对我们的信任就会减少。所以，说话时要给自己留些空间，这样万一发生意外，我们也可以进退自如，不会那么被动。说话谨慎一些，不仅是给自己留个后路，也是为自己保留一份好名声。那些说话谨慎的人，往往事业也更加顺遂。

破局故事

淳于髡是齐国的能臣，他个子不高，还是上门女婿。但他特别会说话，也很会辩论，因此声名大噪。他每次都能用“三寸不烂之舌”完成朝廷交给的任务，而且有理有节，让人钦佩不已。

彼时的齐国，齐威王登上王位后沉溺于酒色之中，疏于朝政，将国家重任悉数托付于卿大夫，致使国家岌岌可危，面临他国侵略的危险处境，然无人敢于直言进谏。淳于髡见状，巧妙地对齐威王说：“大王，您庭中有一只大鸟，已栖息三年而不飞不鸣，不知是何缘由？”齐威王闻此，顿时领悟，回应道：“此鸟不飞则已，一飞必将冲天；不鸣则已，一鸣必将惊人。”随后，齐威王发愤图强，励精图治，终使齐国重振雄风，国力日益强盛。

还有一次，楚国发兵侵齐，齐王以微薄之礼委托淳于髡出使赵国求援。淳于髡认为礼物过于简薄，恐难显诚意，遂对齐王说：“臣出行时见一农夫，仅以杯酒猪蹄祈求天神，冀望五谷丰登，粮仓满溢。臣观其行为，祭品微薄而所求甚大，甚觉滑稽。”齐王闻此，立即增加礼物至黄金千镒、白璧十对、马车百辆。淳于髡凭借这些厚礼，成功请得赵国精兵，迫使楚国退兵，挽救了齐国之危。

从这两件事中都能看出淳于髡言辞技巧非常高超，他通过委婉含蓄的方式，使齐王认识到自身之过，并成功解决问题。在人际交往中，我们亦应学习淳于髡的说话之道，避免直言不讳而伤及他人面子。委婉的表达方式，不仅能使对方更易于接受，还能在沟通中留下余地，维护双方的和谐关系。因此，在劝说他人时，选择一种更为温和、易于接受的方式，实为明智之举。

勿揭人短，勿言人过

破局思维

在《春秋穀梁传》中谈道：“为尊者讳耻，为贤者讳过，为亲者讳疾。”这句话的具体意思是，对于尊贵者、贤能者以及亲近之人的耻辱、过失和不足之处，我们应当尽量减少提及。对于那些可能损害他们体面的事情，更是应当保密，尽量让知情者范围缩小。一旦某些话语出口，便如覆水难收，其影响往往难以挽回。揭露他人的短处，其伤害之深甚于利器之伤，因为身体上的刀伤易于愈合，而恶语所带来的伤害则难以消除。

破局解读

每个人都有自己的小秘密和不想提及的事情。在和朋友聊天时，哪怕关系再好，也别去揭别人的短处，更别随便把别人的隐私说出来当作笑料。如果不分情况，随便说别人的隐私或者追问别人的隐私，这不仅不聪明，还很容易让别人反感。

与人相处时，尽量少谈论别人的私事，多想想对方的感受。说话小心、做事谨慎，这是聪明的做法。在大庭广众之下谈论别人不想提及的私事，是最让人反感的，也是很不明智的。

我们在和别人交谈时，不揭人短、不言人私，这是基本的礼貌和修养。给别人留点余地，也是给自己留个后路。所以，说话要有分寸，心里要存着善良，这样才会给自己带来好运。

古语说："知人者智，自知者明。"意思是了解别人的人是聪明的，但了解自己的人才是真正的高明。所以，在指责别人之前，最好先审视一下自己。

破局故事一

明太祖朱元璋出身贫寒，成为皇帝之后，昔日的贫困之友纷纷前来寻求庇佑，期待他能基于旧日情谊赐予官职。然而，朱元璋对提及自己过往之事极为敏感，认为这有损其权威与尊严，因此大多选择避而不见。

其中一位儿时的挚友，从故乡凤阳抵达南京，历经千辛万苦才得以进入皇宫。一见面，这位挚友便不顾场合，在文武百官面前高声叙旧："朱老四，你如今贵为天子，真是威风凛凛！你还记得我吗？我们小时候一同嬉戏，你调皮捣蛋时总是我替你受罚。还记得那次我们偷豆子的事吗？用那破瓦罐煮豆子，豆子还未煮熟你便心急火燎地抢夺，结果弄破了瓦罐，豆子撒了一地。你吃得太快，豆子卡在喉咙里，还是我帮你取出来的。这些你都忘了吗？"

这位挚友依旧滔滔不绝，不停地"爆料"，朱元璋再也按捺不住心中的怒火。他心想，此人实在不知轻重，竟在百官面前揭露自己过往的糗事，这让自己这皇帝的颜面何存？愤怒之下，朱元璋下令将这位老友轰了出去，最终结果不得而知。需要在这提一句，朱元璋的刀子向来很快。

“为尊者讳”，这是官场的一条不成文的规矩。一个人无论过去出身如何卑微，经历如何不光彩，一旦身居高位，便会被视为神圣不可侵犯。那些过往的不堪之事，要么被众人遗忘，要么被重新诠释，赋予新的含义。然而，这位挚友却不懂此中道理，自以为与朱元璋有旧情便可无所顾忌，最终触怒了皇帝，自食其果。

《菜根谭》里有句话：“不责小人过，不发人阴私，不念人旧恶。三者可以养德，亦可以远害。”做到这三条，不仅可以提升自己的道德品质，更能远离伤害。

破局故事二

在春秋时期，郑国有一位公子宋，他对于美食有着极高的追求与敏锐的嗅觉。每当他预知到即将品尝到美味佳肴时，他的食指便会不由自主地轻轻颤动。有传言称，《射雕英雄传》中的洪七公这一角色，便借鉴了公子宋的这一特质。

一日，楚国赠予郑国一只巨大的鳖，郑灵公决定将其炖制成汤，与朝中百官共享。公子宋与子家尚未踏入殿堂，公子宋的食指便已有所反应，他向子家透露将有美味佳肴享用。子家初时不信，但进入殿内后，果见那只大鳖正在锅中熬煮，二人相视而笑。

郑灵公见状，好奇询问二人为何发笑。子家如实告知了公子宋的特殊能力。得知此事的郑灵公心生一计，决定戏弄公子宋一番。他下令将炖好的鳖汤分给在场的每一位官员，唯独没有分给公子宋。郑灵公得意地笑道：“这回，你还能品尝到美味吗？”在场的人纷纷发出哄笑之声。

公子宋见状，心中大为恼火。他径直走到锅前，伸出手去蘸取了一些汤汁，舔了舔手指后，转身离去。这一举动令郑灵公勃然大怒，认为公子宋过于无礼，便下令要诛杀他。

公子宋听闻此消息后，决定先发制人，最终杀死了郑灵公。

在现实生活中，不乏类似郑灵公这样的人。他们往往只顾自己的感受与快乐，却忽视了对他人的尊重与体恤，常常使对方陷入尴尬或难堪的境地。当一个人感到尊严受损时，便会产生自卫心理，最终可能导致双方关系破裂或产生冲突。

因此，我们在与人相处时，应当时刻保持对他人的尊重与关怀。在言语和行为上，要顾及对方的感受与尊严，避免为了一时的欢乐而伤害到他人。只有给予他人足够的尊重与关怀，我们才能赢得他人的尊重与信任，从而建立起和谐的人际关系。

交浅言深是大忌，君子所戒

破局思维

“交浅言深”这一成语源自《战国策·赵策四》，原文记载：“交浅而言深，是乱也。”其含义为与交情尚浅的人过分坦诚地交流内心深层的想法，乃是一种不明智之举。这通常用来形容在人际交往中，个别人在与他人交谈时未能把握分寸，说出了一些与当前关系层次不相符的言辞。宋代的大文学家苏轼亦曾提及此理，强调“交浅言深，君子所戒”，即君子应警惕避免在交情尚浅时过度披露个人心声。

破局解读

和那些你并不十分熟悉的人说心里话，确实是一件很危险的事，我们真的应该避免这样做。从完全陌生的人到真正的朋友，再到可以无所不谈的知己，这中间需要经历许多事情和时间来培养和磨炼关系。就算是这样深厚的友谊，有时也可能因为某些原因而破裂，更何况是那些我们并不了解的陌生人呢?

在彼此还不够熟悉，感情还没到位的时候，很多话是不能轻易说出口的。因为这些话可能会在不经意间伤害到别人，甚至可能被别人利用，反过来伤害到我们自己。所以，在与人交往中，我们真的需要小心谨慎，不要随意泄露自己的内心想法。

破局故事一

在唐玄宗时期，有一位权臣名叫鱼朝恩。他府内有一名聪颖过人的门客，名叫张堰。张堰以其独到的见解和巧妙的策略，赢得了鱼朝恩的青睐与重用。

然而，一日鱼朝恩却趁武将郭子仪外出平乱之际，私自挖掘了郭子仪的祖坟，将其祖先的遗体公然曝于荒野之中。这一行为令张堰深感震惊，他认为鱼朝恩此举实在有失君子之风，完全违背了道义。

与此同时，张堰结识了鱼朝恩府中的另一位谋士吴士达。二人交谈甚欢，张堰误以为找到了志同道合的知己，于是将吴士达视为亲信，毫无保留地吐露了自己对鱼朝恩所作所为的不满。

然而，张堰未曾料到，吴士达实则并非可靠之人。在听闻张堰的怨言后，他不仅未替张堰保守秘密，反而心怀叵测地将此事泄露了出去。最终，这一消息传到了鱼朝恩的耳中。

张堰因此陷入了极度的危险之中。由于他交友不慎，选择了一个不值得信任的人倾诉心声，使得鱼朝恩对他产生了极大的不满与愤怒。最终，鱼朝恩找了个借口，将张堰残忍地杀害。

此事警示我们，在人际交往中应当谨慎行事，不可轻易将内心的真实想法透露给不熟悉的人。尤其是对于那些初识不久的人，更应保持一定的距离与警惕。张堰正是因为他交友不慎、交浅言深，最终导致下场凄惨。

破局故事二

在《史记》中记载了鸿门宴一段，项羽的叔父项伯就犯下了“交浅言深”的重大失误。这一错误直接导致项羽错失了诛杀刘邦的绝佳机会。

当时，刘邦率先攻入咸阳，触怒了项羽，使其决定发动攻击。然而，项羽的叔父项伯，因顾及与张良的深厚交情，担心张良受到牵连，便私下向张良透露了项羽的意图，并劝其逃离。这原是一种知恩图报的情感体现。

然而，张良并未逃离，反而将这一消息告知了刘邦。刘邦为了拉拢项伯，便假意提出与项伯结为姻亲。项伯性格朴实，轻信了刘邦的言辞，与其深入交谈，甚至在项羽面前为刘邦辩护。更为严重的是，在项羽的部将项庄意图对刘邦不利时，项伯竟亲自保护刘邦，使其得以逃脱。

此事细思极恐，因为刘邦与项伯之间并无深厚交情，甚至可以说是敌对关系。然而，刘邦却巧妙地利用了项伯的善良与天真，以虚情假意换取了自己的生存机会。我们在赞叹刘邦的智谋与胆识的同时，也不得不指出项伯“交浅言深”的错误。他过于轻信他人，向交情不深的人透露了过多信息，最终导致了不利的后果。至于背后二人是否存在利益关系，就很难评论了。

因此，在人际交往中，我们应当保持谨慎，避免与交情不深的人过度交心。因为人心难测，我们无法完全了解对方的真实意图。“交浅言深”的害处，我们应当铭记在心，以免重蹈覆辙。

第七章

识人用人，破局高手的用人之道

在打拼事业的过程中，人才始终是最为核心的要素。企业和团队若想达成既定目标并保持持续发展的态势，管理者的识人用人能力无疑应置于首要位置。自古以来，先贤们就极为重视人才的选拔与培养，以及如何在实践中恰当地运用人才。这些古代的智慧和方法，对于现代管理者而言，依然具有极高的学习价值和借鉴意义。

人人皆有才干，唯有大小之分

破局思维

清代思想家魏源曾言：“不知人之短，不知人之长，不知人长中之短，不知人短中之长，则不可以用人，不可以教人。”在评价一个人时，最不应该的就是只看他的一个方面，就认为完全了解了他；更不应该因为他有一点点的失败或成功，就断定他整个人的价值。简单来说，评价一个人要全面，不能片面或过于苛刻。

破局解读

人的成长是多方面因素共同作用的结果，因此每个人都不可避免地既有优点也有缺点。从某种角度来看，如果一个人没有任何缺点，那他在某种程度上也可能缺少了真正的优点。

清代顾嗣协的《杂兴八首之三》说：“骏马能历险，犁田不如牛。坚车能载重，渡河不如舟。舍长以就短，智者是为谋。生才贵适用，慎无多苛求。”

聪明人知道如何扬长避短，利用每个人的长处来达成目标。每个人天生都有他们独特的才能和用处，所以我们在要求他们时应该谨慎，不要过于苛求。

在企业选择人才时，“用人之长、容人之短”是一个非常重要的原则。这意味着我们应该善于发现并利用每个人的优点，同时也要理解和接受他们的不足。唐朝政论家陆贽有言：“人之才行，自昔罕全，苟有所长，必有所短。若录长补短，则天下无不用之人；责短舍长，则天下无不弃之士。”

实际上，长处和短处并不是绝对的。很多看似是短处的地方，其实也可能隐藏着长处。例如，有些人可能固执己见、不太随和，但他们往往也更有主见，不会轻易被他人左右；有些人可能办事缓慢、不够灵活，但他们可能更加有条理、踏实细致；有些人可能性格孤傲、我行我素，但他们可能是极具创意和独立思考能力的人。因此，我们应该全面而客观地看待每个人的优点和缺点，发挥他们的长处，帮助他们克服短处，共同推动事业的发展。

破局故事

孟尝君，战国四君子之一，他原名叫田文，是齐国的一位王室成员。他最让人印象深刻的就是他家里养了很多食客，号称“食客三千”。

因为孟尝君的名声在各国都很响亮，所以秦国的秦昭襄王就请他来秦国做国相。孟尝君就带着他的一千多名食客，驾着上百辆马车来到了秦国。他送给秦王很多礼物，其中秦王最喜欢的就是一件纯白色的狐狸毛大衣，是用狐狸腋下的毛做的，非常珍贵。

孟尝君在秦国做了一段时间的国相后，就有人跟秦王说，孟尝君是齐王的亲戚，他肯定会先考虑齐国的利益，这对秦国不利，怎么能让他当国相呢？秦王一听觉得有道理，就把孟尝君的职位给免了。

还有人建议秦王杀了孟尝君，因为他知道太多秦国的秘密了。秦王有点犹豫，就把孟尝君软禁了起来。

孟尝君和他的食客们都很着急。这时候，孟尝君的一个朋友，秦王的弟弟泾阳君，告诉孟尝君，得贿赂秦王的宠姬燕姬才行。孟尝君就送了很多礼物给燕姬，但燕姬都不满意，说她就喜欢那件狐狸毛大衣。

但那件大衣已经送给秦王了，孟尝君和他的食客们都不知道怎么办才好。这时候，一个地位比较低的食客站了出来，说他有办法。

这个食客就偷偷溜进秦王的仓库，把大衣给偷了出来。孟尝君赶紧拿去送给燕姬。燕姬很高兴，就跟秦王说，孟尝君这么有名，你不重用他就算了，还要杀他，那以后还有谁会来秦国呢？秦王一听，觉得有道理，就答应放孟尝君回国，还给了他通行证。

孟尝君他们拿到通行证后就连夜往东赶，很快就到了函谷关。但按规定，函谷关得等到鸡叫才放行。

秦王感觉放走孟尝君不是很稳妥，决定把他追回来。他派人快马追赶，情况变得非常紧急。正当所有人都焦虑得不知所措时，人群中另一个非常不起眼的食客，却开始模仿鸡叫。他学得非常像，以至于函谷关附近的公鸡都跟着叫了起来。守关的人听到鸡叫声，以为天亮了，就按照规矩开始验证并放行。

孟尝君和他的食客们趁机出了函谷关，一路向东狂奔，最终成功逃回了齐国。经历了这次劫难后，孟尝君深深感慨：“我门下食客有三千多人，其中座上宾也有上百人，但真正在危难时刻救了我一命的，却是这两个平时看似不起眼的下座食客。”

这不禁让人想起古人常说的一句话：“尺有所短，寸有所长。”意思是每个人都有自己的长处和短处，每个人都有他特有的价值。这次经历，大概就是这句话给我们最直观的启示吧。

慈不掌兵，义不掌财

破局思维

“慈不掌兵，义不掌财”这一古训，意在强调领导与管理的智慧。具体而言，“慈不掌兵”意指仁慈善良的人不宜担任军队统帅。因为若将军过于仁慈，缺乏必要的威严与决断，军队将难以维持其秩序与纪律，导致混乱无章。“义不掌财”则是说，以义气为先的人不适宜掌管财务。因为当面临朋友情谊与利益抉择时，他们往往倾向于选择前者，这种情感倾向会使其难以在财务管理上保持公正与客观，从而难以妥善管理财务。

破局解读

“慈不掌兵”强调了仁慈特质在领军作战中的局限性。众所周知，战争是残酷无情的，战场之上，生死抉择如同日常琐事一般频繁。在古代冷兵器时代，战争频繁，若将领慈悲心过重，难以适应战场的残酷与无常，这将对瞬息万变的战场局势构成致命威胁，极有可能使军队陷入危机之中。正所谓“兵熊熊一个，将熊熊一窝”，军队若缺乏一位能够迅速决策、果敢行事的将领，则很难抓住稍纵即逝的战机，战败便会成为常态。

当然，将领并非绝对冷酷无情。毕竟士兵们是与将领并肩作战的战友，关爱他们也是情理之中的事情。然而，关键要把握好度。将领对士兵的关爱应如同父母对待子女一般，既要有爱护之心，又不可溺爱纵容。适度的关爱能够激发士兵的忠诚与勇气，使他们在战场上奋勇杀敌；而过度的关爱则会导致军队纪律涣散，难以形成有效的战斗力。

此外，一位优秀的将领应当是身经百战的战士，对战场的冷酷有着深刻的理解，这样才能培养出独特的将领气质。正如古人所言“猛将当发于卒伍”，只有在战争中历经磨炼，将领才能更加成熟、果敢，引领军队取得胜利。

破局故事一

孙武，字长卿，春秋末期齐国乐安（今属山东）人，乃中国春秋时期著名的军事家、政治家。孙武在军事领域的造诣极高，曾以三万精兵击破楚国二十万精锐之师，被誉为“百世兵家之师”“东方兵学的鼻祖”。

春秋时期，吴王阖闾在伍子胥的辅佐下登上国君之位，随即开始筹划攻打楚国。吴王担忧吴国当前的将领难以担此重任。伍子胥洞悉吴王的心意，遂进言道：“大王是否忧虑吴国无将可领兵攻楚？”

阖闾回应道：“正是。”

伍子胥继续道：“臣愿向大王推荐一人，必能担当此任。”

阖闾闻言兴趣盎然，欣喜地问道："相国欲推荐何人？此人有何才能？"

伍子胥答道："此人名唤孙武，乃齐国人，现居吴国。他精通兵法，善于韬略，领兵打仗、排兵布阵皆不在话下。若能为吴国所用，称霸天下指日可待！"

阖闾闻言大为赞赏，道："世间竟有此等人才，相国速速为寡人寻来。"

于是伍子胥携带厚礼前往拜访孙武，向他传达了吴王之意。在伍子胥的再三请求下，孙武终于答应出山，协助吴国攻打楚国。

孙武随伍子胥觐见吴王阖闾。阖闾见孙武英气逼人、仪表堂堂，遂问道："听闻先生精通兵法，领兵打仗、排兵布阵皆不在话下，可否为寡人演示一番？"

孙武答道："臣愿一试。"

此时，朝堂两侧站立着宫女。阖闾环顾左右，笑问："宫女亦可训练否？"

孙武答道："自无不可。倘若训练不周，任凭大王处置！"

吴王阖闾召集了一百名女子，交由孙武负责训练。他命孙武以这些嫔妃和宫女为对象，进行军事操练，并特别指定了两名嫔妃担任队长。吴王要求孙武将她们训练得如同士兵一般，然而周围的人都认为这是一项不可能完成的任务。

训练伊始，孙武详尽地向她们解释了训练的要领。然而，当正式发出口令时，这些宫女们并未认真对待，反而哄笑不止，场面一片混乱。吴王见此情景，心中暗自认为孙武或许只是纸上谈兵。

此时，孙武面色严厉，高声说道："此处乃演武场，非王宫之所；尔等现为军人，非昔日宫女；我所下之令，乃军令，非儿戏。尔等不听号令，队长带头违抗，此乃公然违抗军法，当斩首以儆效尤！”言毕，即下令将两名嫔妃队长处死。顿时，现场一片寂静，再无宫女敢有丝毫嬉笑。

随后，孙武再次发出口令，宫女们皆肃然以对，步伐整齐划一，动作规范统一，俨然已成一支训练有素的军队。孙武随即请吴王前来检验操练成果。吴王观后，深受触动，对孙武说道：“先生的带兵之道，寡人今日已领教。由先生指挥之军队，必定纪律严明，战无不胜。”

孙武能把一群宫女训练得像军人那么整齐，就是因为他非常严格，说到做到。这样一来，大家都怕他，也都听他的话，所以训练效果特别好。其实，做一个好的管理者真的很难。管理的时候，一定要“稳、准、狠”，别忘了“慈不掌兵”这句话。当领导的，得让员工怕你、敬你，这样他们才会老老实实地完成任务。

如果对员工太温柔，他们就会慢慢地不怕你了，你布置的任务，他们可能也不会马上去做。如果出现这种情况，那只能说明这个领导没能力。所以，管理的时候，千万不能太松散，要纪律严明。

破局故事二

公元前205年，彭城之战中，刘邦遭到项羽重创，败逃之际，项羽麾下将领丁公奉命追击。在刘邦即将被俘获之际，刘邦巧妙地对丁公说：“两贤岂相厄哉！”意即二人同为豪杰，何必相互为难。

刘邦在生死关头，为了保全性命，巧妙地将能力远逊于己的丁公，比作与自己同等的英雄。丁公听后，心中甚感愉悦，于是决定放刘邦一马。幸运的是，此事得以保密，否则若被项羽知晓，丁公即便有十个脑袋也难以保全。

此事过后，刘邦称帝，而丁公自恃曾放过刘邦，欲求封赏。然而，当丁公觐见刘邦时，刘邦却下令将其绑缚，在军中示众，并严厉指责丁公身为项羽之臣，却未能尽忠职守，反而助刘邦逃脱，是导致项羽失去天下的原因之一。刘邦以此警示后世臣子，不可效仿丁公之行为。

最终，刘邦下令处斩丁公，并发表声明，强调忠诚对于君臣关系的重要性。这一事件反映了刘邦在治理国家时的铁腕手段，也体现了他对忠诚的坚定追求。丁公虽曾放过刘邦，但因其行为不符合刘邦的治国理念，最终难逃一死。

这一历史典故告诫我们，一个合格的领导者不仅需要英勇善战，更需要有坚定的原则和铁面无私的品质。在处理问题时，应果断而公正，不可因私情而犹豫不决；在与人相处时，应恩怨分明，不可因软弱而纵容不忠。仁慈虽为美德，但若无原则地施予，只会让对方得寸进尺，甚至导致自身陷入困境。因此，为人处世时，我们切莫让仁慈成为自己的弱点。

赏罚分明，而诡乃止

破局思维

“赏罚分明”出自《汉书·张敞传》，原文记载：“敞为人敏疾，赏罚分明。”顾名思义，就是该赏赐的，及时坚决地赏赐，该罚的要及时果断地惩罚。

破局解读

在《韩非子·八经》中明确提出了“易功而赏，见罪而罚，而诡乃止”的治国策略。他认为，君主针对奸臣的“诡诈”行为，最佳的应对之道在于依法治国，确保赏罚分明，以不变之法治万变之局。韩非子所言“易功而赏，见罪而罚，而诡乃止”，旨在强调君主应以公平、公正的态度，根据臣子的功绩与罪行，给予相应的赏罚。

在法规准则与行为标准面前，一切评判均须基于客观事实，明确是非对错，不受任何不可言说的因素干扰。唯有以光明正大的准则为尺度，才能确保行为的正确与否得以明确区分。若行为合乎规范，且取得了积极的成果，则应给予应有的奖赏；若行为违背准则，导致不良后果，则必须予以相应的惩罚。

破局故事一

西汉汉宣帝时期，渤海、胶东一带的盗贼非常猖狂，他们四处盗取财物，百姓不堪其扰。山阳太守张敞自告奋勇上书：“我听说胶东、渤海一带的郡国多年歉收，百姓饥寒交迫，社会上出现了很多盗贼。我愿意到那里去惩罚奸邪暴虐的人、抚恤贫弱无助的百姓，请把我派到胶东去吧。”于是，汉宣帝任命张敞为胶东相。

获得任命后，张敞又向汉宣帝请示：“要治理胶东这样的郡国，必须要通过严格的赏罚来奖勉善行、惩罚恶行。对那些追捕盗贼有功的人，希望朝廷能够给予他们优厚的奖励。”汉宣帝答应了他的请求。于是，到任胶东后，张敞公开实行悬赏。对于追捕其他盗贼有功的盗贼，以功抵过，免除他们的刑罚；对于抓捕盗贼有功的官吏，向尚书报请升职，有几十人因此得到了补任县令的好机会。由此，盗贼群体逐渐被瓦解，地方和百姓不再受到盗贼的困扰，胶东恢复了安定。

《汉书》中对张敞的治理能力大加赞赏，认为张敞赏罚分明的治理手段非常有效。后世用“赏罚分明”来形容论功行赏，论罪责罚，处理事情公正严明。

张敞制服盗贼、安定胶东，有赖于公正严明的赏罚措施。在社会治理过程中，赏罚分明是法治和规则的应有之义，该赏的赏，该罚的罚，奖功罚过，公正无偏，才能彰显法律权威和公正，也才能使大家口服心服，养成乐于遵法守法的意识。

破局故事二

战国时期，齐威王是一位非常贤明的君主，因为他奖惩分明。齐国有两个偏远的地方叫即墨和阿。有一段时间，大臣们在朝廷上总是说即墨大夫坏话，却对阿大夫赞不绝口。

齐威王听了后，就让相国邹忌去调查这事。邹忌带着另一位齐威王信任的大臣，分别去了即墨和阿地，深入了解情况。几天后，他们回来向齐威王报告了真实情况。

齐威王听了报告后，马上叫即墨大夫和阿大夫来京城。即墨大夫很担心，怕会被责罚；而阿大夫则很得意，觉得自己会受奖。

大臣们都为即墨大夫捏了把汗，但没想到齐威王对即墨大夫说："你辛苦了，把即墨治理得很好，百姓都喜欢你，我很满意！"他还说："我知道你为人正直，不喜欢拍马屁，所以得罪了一些人。但我都清楚。"说完，齐威王就给了即墨大夫一万户的封地作为奖赏。

但轮到阿大夫时，齐威王的脸色就变了："阿大夫，你在阿地做的事，我都知道。你贿赂大臣，吹嘘自己，还诋毁即墨大夫，你该当何罪？"

原来阿大夫是个昏庸无能的家伙，当敌人攻打他的领地时，他什么都不做。百姓都不喜欢他。于是，齐威王下令把阿大夫扔进大鼎里处死。那些曾经说即墨大夫坏话的大臣们，看到这一幕都吓得脸色惨白。

齐威王因为奖惩分明，又有邹忌这样的好帮手，几年后，周围很多国家都来朝拜他，齐国变得非常强大。在企业管理中，领导者也应该像齐威王一样，做得好就奖，做得不好就罚，这样企业才能发展得好。

重信守诺，方能留住人才

破局思维

“人之诚信非一时之事，乃一生之基。”诚信对于个体而言，其重要性往往与眼前的短暂利益相冲突。然而，许多人未能以长远的视角审视诚信的价值。事实上，诚信之重要在于其不可复制与替代，一旦丧失，个体的信任度便会大幅下滑，甚至可能陷入信任危机。

破局解读

信守承诺是赢得别人信任的关键。当你对某件事或某个人许下承诺时，你其实是在向对方表达你的决心和责任感。如果你总是能说到做到，别人就会觉得你是一个可靠和值得信赖的人。这样，大家就更愿意和你交朋友、合作或者一起工作。但在现实生活中，很多人并不重视承诺，甚至连基本的诚信都没有。这样做不仅会让别人不再信任你，还会带来很多负面影响。

信守承诺不仅是一个人的行为准则，更是他的人格魅力的体现。当你每次都兑现自己的承诺时，你就在建立自己的公信力和声誉。这样做不仅能帮助你赢得信任，还能帮你建立良好的人际关系，同时锻炼你的自律能力。

但是，如果你对承诺漫不经心，甚至违背它，那么你的信誉就会受损，别人也会对你失去信任。所以，我们每个人都应该牢记信守承诺的重要性，让自己的言行与承诺保持一致，用行动证明自己的诚信和可靠性。

破局故事

“季布一诺，重于千金。”季布，楚汉之际的杰出将领，生于战国末期，系楚国遗民。他性格刚烈正直，不受外物左右，心怀侠义，以诚信为本，从不趋炎附势，因此声名远播，为天下人所知。

季布青年时，因触犯秦朝律法，被处以黥刑，即在脸上烙印，人们因此习惯称其为“黥布”。随后被发配至骊山，参与修建秦始皇陵。在此期间，他结识了众多志同道合的友人，并随后带领他们逃离至长江一带，开始了强盗生涯。

陈胜揭竿而起，反抗秦朝暴政之后，季布亦欲有所作为，遂前往拜访昔日好友番阳县令吴芮，劝其一同加入反抗暴秦的行列。吴芮在当地享有盛誉，被誉为“番君”，他慷慨解囊，资助季布起事。不久，二人便成功集结起数千人马。由于吴芮极为看重季布的人品，将自己的女儿许配给了季布。

随后，项梁率领楚军渡过长江，讨伐秦朝。季布决定投奔项梁，并在项梁遇害后，继续跟随项羽。当项羽率军攻入咸阳后，他特别封赏季布为九江王。

此后，楚汉之间展开了长达四年的争霸战争。在此期间，季布多次率领军队击败实力较弱的汉军，甚至曾两次险些捕获刘邦，使得刘邦对季布恨之入骨，誓言早晚要将其铲除。

后来，项羽在韩信的十面埋伏下陷入绝境，最终在乌江自刎身亡，刘邦因此建立了大汉王朝，登基为帝。为除去心头之患，刘邦发布布告，悬赏千金捉拿季布，并在布告中严令，任何人不得收留季布，违者将诛灭三族。

季布在走投无路之下，只得隐姓埋名，四处逃亡，最终辗转至濮阳的一户周姓家中寻求庇护。一日，周家主人对季布道：“陛下正急于追捕将军，此处已不安全，我有一计或可助将军活命。若将军不听从，我情愿即刻自尽。”季布表示愿闻其详，于是周家主人剃去季布的头发，为其套上铁箍，换上粗布衣服，混在奴仆之中，将他卖到了山东的朱家大户。

朱家主人慧眼识人，不久便发现季布并非寻常奴仆。经过一番套问，得知其真实身份，乃是著名的季布将军。朱家主人遂命府中所有奴仆听从季布的指令，并亲自乘坐轻车前往洛阳，拜访汝阴侯夏侯婴。

夏侯婴与朱家素有交情，见朱家主人到来，便设宴款待。席间，朱家主人借酒劲问夏侯婴：“季布究竟犯了何罪，陛下为何如此急于捉拿他呢？”夏侯婴便将过往之事详细叙述了一遍。朱家主人叹息道：“季布乃天下难得的英才，昔日各为其主，他为主人尽忠，并无大过。若陛下定要追究前嫌，试问天下间还有多少人能幸免于难？”

夏侯婴聪明过人，立刻意识到季布可能正藏匿于朱家。他询问朱家主人提及季布的用意，朱家主人直言不讳道：“季布在楚军中威望极高，陛下如今刚刚平定天下，便因一己私怨而追捕此人，恐失天下人心。若季布因此逃到匈奴或南越之地，岂不是将人才拱手让给敌人？日后他若带兵归来与陛下为敌，又将如何是好？”

夏侯婴点头称是，深以为意。于是朱家主人继续进言：“将军何不将这番道理说于陛下听？这也是为国家着想啊。”夏侯婴当即表示，一定为季布向刘邦求情。

不久，夏侯婴面见刘邦，将朱家主人的话转述一遍，并极力为季布求情。刘邦听后觉得颇有道理，便下令赦免了季布，将他召至京都长安，封为郎中。

季布以其诚信守诺的品性赢得了广泛的群众基础，即使身处绝境，也能得到他人的帮助和庇护。他最终能够善终，正是得益于他平日里积累下来的良好声誉和广泛的人脉关系。这也再次证明了诚信守诺的重要性，它不仅能让人在困难时得到他人的帮助和支持，还能为自己赢得更多的机会和尊重。

第八章

抓住时机，破局高手的果敢选择

在面对机遇时，必须要展现出果断的行动力，切勿犹豫不决。这不仅是对把握时机的深刻警示，更蕴含着时间管理和决策制定的睿智。在人生的征途中，我们或会邂逅诸多意外之机，这些机会常如昙花一现，转瞬即逝。倘若我们能敏锐捕捉并及时利用这些机遇，便有望迅速扭转自身境遇，开启绚烂的人生新篇章。反之，若是对这些机会视而不见，坐失良机，那么日后或许需耗费更多心力方能企及同等的成就。

知进退，懂取舍，方立于不败之地

破局思维

进退有度，乃智者行为。那些固执己见、一条路走到黑的人，不仅显得执拗，更显得愚昧无知。唯有那些能够精准把握进退节奏，又深知前行方向之人，方能成就一番宏伟事业。

破局解读

要想在与人打交道时游刃有余，赢得各方信任，就得学会掌握前进和后退的时机。有时候，后退一步是为了更好地前进。只要最终目标是向前，后退就是为了给自己创造更好的选择机会。这是处理人际关系时很重要的一招，也是聪明人应该掌握的生活技巧。特别是在做有风险的事情时，更要冷静地先退一步，为将来的成功铺路。

人生就像天气一样多变，道路也是弯弯曲曲的。当你遇到对自己不利的情况时，可以先退一步，甚至表现得普通一些，隐藏自己的能力和抱负，避免引起不怀好意之人的注意。等时机成熟了，再抓住机会，全力以赴地实现自己的目标。

在需要的时候，以退为进，从低处往高处走，这是一种自我展示的技巧。也就是说，暂时让一步是为了以后能走得更远。从某个角度看，退一步其实就等于前进了两步。但是，什么时候该进、什么时候该退，需要一定的眼力，千万别搞错了，否则就会进退两难，把事情搞砸。

破局故事一

春秋时期，诸侯国间战事频起。楚庄王为扩张疆域，决定挥师攻庸。庸国军民一心，顽强抵抗，使楚军久攻不下。在一次激战中，楚将杨窗不幸被庸国俘获，然因庸国看守疏忽，杨窗竟于三日后逃脱，重返楚国。

杨窗向楚庄王禀报庸国情形，称庸国上下同仇敌忾，若不以主力决胜，恐难克之。此时，楚将师叔献策，主张以佯败之计诱使庸军骄傲自满，再行进攻。楚庄王深以为然，遂命师叔率兵攻庸。

战斗甫启，楚军便故技重施，屡次假装不敌庸军，节节败退。庸军见楚军如此不堪一击，逐渐生骄纵之心，对楚军不再抱有警惕之心，军队士气亦有所松懈。

正当此时，楚庄王亲率大军增援而至。师叔见庸军已入彀中，遂向楚庄王进言：“庸军骄横已极，此刻正是发动总攻之良机。”于是，楚庄王下令军队兵分两路，猛攻庸国。庸国将士尚沉浸在先前的胜利之中，不料楚军突然发起凌厉攻势，仓促应战之下，难以抵挡。楚军士气高昂，乘胜追击，终于一举荡平庸国。

这场战斗，师叔利用佯败之计，七次诱敌深入，终使庸军放松警惕，为楚军赢得胜利创造了条件。此事实证，有时退却并非因怯懦或弱小，而是为了积蓄力量、创造战机。大丈夫行事，当知进退之道，该退则退，该进则进，方显英雄本色。

破局故事二

唐朝末年，天下纷乱，各地割据势力各自为政，竞相觊觎帝位。其中，原宣武军节度使朱温最后废除唐朝皇帝，自立为大梁国君主，终结了辉煌的唐朝，开启了五代十国这一历史时期的序幕。

在这样的背景下，武安军节度使马殷也心怀称帝之志，意图在这片混乱中建立自己的王国。然而，其谋士高郁却提出异议，他冷静地分析道：“主公，目前四周强敌环伺，特别是朱温的梁国势力强大，我们难以匹敌。与其冒险称帝，不如暂且向中原的新政权表示臣服，以退为进。他们目前忙于内部纷争，无暇顾及我们。如此，我们名义上虽为臣属，实则仍掌握着地方实权，与称帝无异。”

马殷经过深思熟虑，采纳了高郁的建议，决定向中原新政权表示臣服。此后，他便借此机会，巧妙地应对周围的敌对势力，不断寻找机会扩大自己的势力范围。

南吴国君主杨行密屡次向马殷提出联手对抗朱温的提议，然而马殷均予以回绝。即便杨行密为示好将马殷之弟送回，马殷仍对其弟严正告诫：“杨行密不尊天子，倘若朝廷兴兵讨伐，我们将难免受到牵连，休要再提此事，以免招致祸患。”

其后，马殷获封为楚王，心中甚是喜悦，因这封号意味着他实质上拥有了一个独立的王国。他进而向朱温请求设立天策府，并自行任命官员。朱温认为此举对其统治并无大碍，便应允了马殷的请求，并加封他为天策上将军。由此，马殷得以有序地治理其楚国。

马殷所推行的政策以保卫疆土与安抚百姓为主，与吴国的数次战争皆由吴国率先发起。此外，他对付北边的荆南亦颇有成效。

又过了几年，李存勖推翻朱温建立的后梁，创立新唐。马殷反应迅捷，即刻宣布承认新唐政权，并派遣其子马希范前往洛阳进献贡品，以示臣服。马希范智慧过人，当李存勖试探性地询问洞庭湖之广袤时，他巧妙回应：“倘若陛下亲临，此湖水量仅够陛下马匹饮用。”此言意在向李存勖展示南楚虽小，却实力不容小觑。

马殷所建政权后被誉为南楚，正是因其始终对中原皇帝保持谦恭之态，未曾僭越称帝，方得以延续。然而，马殷逝世后，其二子争权夺利，最终南楚为南唐所并。

人们总说，想往前进哪怕是一小步都挺难的，为啥我还要主动往后退呢？俗语说“出头的椽子先烂”，有时候稍微退一步，就能避开那些风险，何乐而不为呢？

有些情况下，你退一步，其实并没有失去什么实质性的东西，最多就是丢了那么一点面子或者虚荣心受损而已。那这样的话，你更应该选择退一步，因为这样做能保护好你的利益，还能让你有时间好好提升自己，准备得更充分。等到准备充分了，再全力出击，争取一次就成功。

人才也需要好平台，良禽择木而栖

破局思维

良禽择木而栖，简单说就是好的鸟儿会挑选最适合自己的树木筑巢。这也适用于我们人类：优秀的人才应该明智地选择那些善于发掘他们潜能的好领导和能够让他们充分展现才华、得到发展的好公司。

破局解读

平台，就像是你职业道路上的基石，承接你稳稳地在复杂的社会里走好每一步，让你成为那个特别的存在。一个平台汇集了很多人的想法和期待，它会影响你未来往哪个方向努力，这种影响力通常比你一个人的力量要大得多。虽然平台有时候也会有点不确定，但它的好处是显而易见的。

选个好平台真的很重要。好好看看这个平台需要什么，它未来的计划是什么，然后照着去做，别光凭自己的感觉来。这样做不仅能看你和平台合不合得来，还能看出你是不是适合这个平台。你得明确自己的目标，把自己最好的一面展现出来，让平台认可你，这样你的价值才能得到体现，社会也会更加认同你。

如果你能成为平台的顶梁柱，为平台做出的贡献比它给你的还要多，那你和平台的关系就会更加紧密，一起朝着更好的方向发展。如果你还想更进一步，成为影响平台决策的人，那你就得展现出特别的魅力，让平台因为你的存在而有更大的发展。

破局故事

公元前209年，陈胜吴广揭竿起义，标志着群雄逐鹿的乱世拉开序幕。恰在此时，阳武县的青年才俊陈平，怀揣壮志，投奔魏王咎麾下，被委以太仆之职，负责掌管魏王的乘舆和马政事务。

陈平自幼聪慧过人，胸怀远大志向，且勤勉好学。他原本期望在魏王麾下能有一番作为，然而多次献计献策却遭忽视与排斥，甚至遭到诽谤。

经过深思熟虑，陈平认清了魏王咎的平庸，于是果断离开，转投项羽麾下。他参与了著名的巨鹿之战，助项羽击败秦军，入主关中。项羽赐予他卿一级的爵位，然此爵位徒有其表，根本没有什么实权。

公元前206年4月，楚汉之争正式爆发。次年春，殷王司马卬背叛项羽，归顺刘邦。项羽震怒之下，任命陈平为信武君，统领留在楚国的魏王旧部，进击殷王，成功收降司马卬。陈平因功被拜为都尉。

然而好景不长，汉王刘邦再度攻占殷地，司马卬再度投降。司马卬的反复无常触怒了项羽，他迁怒于陈平，欲斩陈平及平定殷地所有的将士。

陈平为求自保，且深知项羽暴戾无道，难成大业，遂将所得黄金与官印封裹，遣人归还项羽，自己则孤身持剑，抄小路悄然离去。

陈平一路疾行，直赴修武，彼时刘邦正率部驻扎于此。他通过汉军将领魏无知得以觐见刘邦。刘邦赐给陈平酒食，并道："食毕，可稍作休憩。"

陈平即刻回应："我此来有要事相告，所议之事，刻不容缓。"刘邦闻此，遂与陈平深入交谈，二人纵论天下大势，意见高度契合。刘邦询问陈平："你于楚军中担任何职？"

陈平答曰："曾任都尉之职。"

当日，刘邦便任命陈平为都尉，并令其担任自己的骖乘，负责联络与监督各部将领。此事一经传出，帐下将领皆哗然，纷纷向刘邦进言："大王刚刚收纳一名楚军逃兵，尚未知其才能如何，便与之同车，更令其监督我等老将。"

然而，刘邦听闻这些议论后，反而更加深与陈平的亲近，并与之共同东征项羽。此举令将领们更加不满。

不久后，他们推举周勃、灌婴为代表，觐见刘邦道："陈平虽外表华美，但恐为金玉其外，败絮其中，未必具备真才实学。我们听闻他在家时品行不端，竟与其嫂私通。且其为人反复无常，曾在魏王麾下不得容身，转投楚王亦不受重用，遂来投奔汉王。如今大王对他如此器重，委以高官，他却利用职权收受将领贿赂。如此之人，汉王岂能重用？"

经过众人的一番议论，刘邦亦对陈平产生了怀疑，于是招来推荐人魏无知，对其进行了训斥。

魏无知依据刘邦豁达不羁、重视贤才的性格与品行，以及当时争雄天下、急需人才的特殊形势，给出了精妙的回答。

他道："我所看重的是才能，陛下所疑虑的是品行。在逐鹿天下的过程中，这两者孰轻孰重？我举荐的是有奇谋之士，为国家之利考虑，怎会顾及他是否贪污受贿？"

对于魏无知的回答，刘邦无言以对，转而责备陈平道："先生您侍奉魏王未能长久，又转投楚王；楚王处亦未能长久，如今又来与我共事，讲信用的人难道应该如此反复无常吗？"

陈平听后，坦然回应："我侍奉魏王时，魏王未能采纳我的建议，故我离开他转投楚王。在楚王麾下，又因楚王不信任我，所以我选择离开，并退还了所得的金钱与官印，独自前来。听闻汉王善于用人，我遂来投效。我空手而至，不接受金钱则无以为生。若我的建议值得采纳，请大王采纳；若不值，金钱尚存，我可封存上缴官府，并请求离职。”

刘邦听完陈平的这番话后，立刻表达了歉意，并说：“你若能助我成就大业，我必将让你衣锦还乡。”于是，刘邦更加厚待陈平，并提拔他为护军都尉。

自此以后，诸将领对陈平再也不敢有所非议。陈平屡出奇策，多次使刘邦化险为夷。公元前204年，正值楚汉战争最为激烈之际，双方在荥阳激战，刘邦心中焦虑万分，问陈平道：“天下纷乱，何时能得安宁？”

陈平冷静分析道：“楚国之中存在可资利用之因素。项王身边仅有少数忠诚耿直之臣，如范增、钟离昧、龙且、周殷等人。若大王愿意花费数万黄金，可施反间之计，离间其君臣关系，使其内部产生裂痕。项王本就多疑善变，易于听信谗言，此举必能引起其内部纷争，届时我军便可趁机进攻，取得胜利。”

刘邦对陈平的分析大为赞赏，遂拿出四万斤黄金，交由陈平全权处置。陈平巧妙施展反间计，成功除去了项羽唯一的谋士范增。

即使是才识过人的人，也要为自己寻找一位明智的“伯乐”，找到值得为之效力的明主，进而贡献自己的才智与力量。所以，成功的第一步，要选对平台。

处变不惊的应变智慧

破局思维

在人生的旅途中，总有突如其来的变故发生，总有一些我们无法预料的情况出现。无论我们如何小心翼翼，如何精心策划和管理，总会有些事情超出我们的掌控范围。当这些意外发生时，我们是否能够保持冷静，成为应对问题的关键所在。

破局解读

苏洵曾言：“泰山崩于前而色不变，麋鹿兴于左而目不瞬，然后可以制利害，可以待敌。”此语道出了真正成就大事者与智慧之人所必备的沉稳气质。

对于真正致力于伟大事业者，以及具备深厚智慧之人而言，沉稳无疑是最为关键的气质。沉稳意味着对情绪的精准控制，即成为情绪的主宰，而非其奴隶。这正是面对突发情况时能够保持冷静的关键所在。

《孙子兵法》亦云：“胸有惊雷而面如平湖者，可拜上将军。”即使真正的英雄，在遭遇挑战时，内心亦会涌起惊涛骇浪。痛苦、绝望、懊悔、愤怒等情绪如千军万马般冲击着理智，试图寻求释放。然而，若任由这些情绪泛滥，便会陷入慌乱与狂躁之中。有时，问题本身或许并不严重，可一旦乱了阵脚，便会使情况愈发糟糕。

破局故事一

裴度，唐朝中期的杰出政治家与文学家，智勇双全，深受世人敬仰。当裴度身居高位，正主持一场盛大的酒宴之际，一名随从急匆匆地闯入，神色慌张地通报：“大人，事态紧急，官印竟不翼而飞！”

官印失窃，无疑是一起严重的失职事件。一旦追究，裴度的官职乃至身家性命都将岌岌可危。然而，裴度只是微微蹙眉，随即恢复平静，仿佛一切尽在掌握之中。他轻声嘱咐随从切勿声张，只待一小时后再行寻找。

酒宴继续，欢声笑语不绝于耳。一小时后，随从依照裴度的指示，前往查看，竟发现官印已安然无恙地回归原位。他兴奋地跑回裴度身边，激动地报告：“大人，官印已然寻回！”裴度听后，只是淡然地点了点头，仿佛一切尽在预料之中。

宴会结束后，随从心中疑惑不已，遂向裴度请教：“大人，官印失窃，您何以能保持如此镇定？而官印又何以能自行回归呢？”裴度微笑着解释道：“这官印，对于一般人而言，既无法直接使用，亦不敢轻易出售。我料想，必是有人贪图一时之便，借以私盖文书。待其用毕，自然会归还。若我们当时大张旗鼓地搜查，反而会逼得他们走投无路，从而将官印藏匿或丢弃，届时便难以追回了。”

随从听后恍然大悟，对裴度佩服得五体投地。

裴度此举，不仅彰显了他深厚的智慧与高超的应变能力，更凸显了处变不惊的重要性。在纷繁复杂的世界中，我们时常会面临各种突发情况与挑战。只有保持冷静与镇定，我们才能洞察事物的本质，制定出正确的应对策略，从而化危为安，转危为机。

破局故事二

东晋著名的政治家谢安非常有智慧和定力。他出身于显赫的谢氏家族，但年轻时并不热衷于做官，而是选择隐居在会稽山，享受山水之乐，写诗作词。

谢安的妻子看到谢家其他人都在朝廷做官，非常成功，就埋怨谢安不上进。但谢安解释说，他担心自己会受到弟弟谢万的影响。原来，谢万的军事才能不佳，曾带领军队打了败仗，朝廷正在追究责任。谢安怕自己也会受到牵连，所以选择远离朝堂。

直到谢万被免职后，四十多岁的谢安才开始进入仕途。他很快就被征西大将军桓温聘请为重要助手，后来还升为了吏部尚书。当桓温想要叛乱时，孝武帝年幼，只有谢安和王坦之有些威望，他们冒险去迎接桓温。王坦之非常害怕，谢安却十分镇定，甚至让桓温撤下了原本准备用来威胁他们的武士。桓温死后，谢安继续为朝廷效力，统领全国的军队。当时北方的前秦政权经常侵犯东晋，但谢安总能稳定局势，不为小失败所动摇。

公元 383 年，前秦苻坚统帅百万雄师南征东晋，而东晋仅有八万将士应战，百姓惶恐不安，主将谢玄亦忧心忡忡。然而谢安却泰然自若，毫不慌乱，稳定指挥军队。闲暇之余，他仍登山观景，拜访友人，一如往常。晋军见谢安如此镇定，士气大增，终以少胜多，一举击溃前秦百万大军。

有人要问，前秦军失败的原因是什么呢？原来，准备不充分的前秦百万大军在战争爆发时还有很多在行军路上，已经上了战场的士兵见迟迟等不来援军就都开始打退堂鼓了。东晋军通过大肆传播“秦军败了”的谣言，导致前秦军信以为真，争相逃命。捷报传来之际，谢安正与友人弈棋。他阅过战报后，神态自若，继续对弈。友人询问详情，他平静地答道：“我军已破敌。”

在外部强敌压境、内部幼主执政的艰难局面下，谢安与王坦之携手共进，竭诚为国为民，力保东晋政权之稳定。然而谢安晚年之际，孝武帝昏庸无能，偏信会稽王司马道子，致使朝政被司马道子把持，与谢安产生严重分歧。谢安因此选择退隐，请求赴广陵步丘镇守。

谢安能够以少胜多，建功立业，皆源自其冷静沉着、处变不惊之品质。无论面临何种艰难挑战，他均能保持清醒头脑与坚定信念，从容应对，展现出一代名相之风采。

静待时机，不可强出头

破局思维

在思考与行动的过程中，时机的重要性不言而喻。在自身能力尚显不足或时机尚未成熟之际，切不可轻率行事，否则极易导致自身陷入困境，遭受惨败。凡有志于成就大业者，必须深刻理解“一着不慎，满盘皆输”的道理。

破局解读

在时机成熟之前应忍辱负重，这并非是懦夫的表现，而是内心强大的表现。欲在世间成就伟业、崭露头角者，一定要谨记：不该出头时不可强出头。

所谓“强”，包含两重含义。

其一为“勉强”，即能力尚未完备便勉强行事。虽言“失败乃成功之母”，但若一味挑战超越自身能力之事，其失败不仅被视为“自不量力”，更可能招致讥笑。

其二为“强力”，即虽能力充足，但环境尚未成熟。此时强行出头，将耗费极大心力。若周遭支持不足，强力行事易遭排挤与打压，甚至伤及他人，种下仇怨。

故智者能洞察时机，判断敌我实力之差。当时机未至、实力不足时，应养精蓄锐，磨砺自身，寻求最佳时机出击。这既能减少损耗，又能提高成功的概率。

破局故事一

在唐朝末期，藩镇割据，北方游牧民族也对南方虎视眈眈。北方契丹部落的耶律阿保机，以其卓越的军事才能，成为新的领袖。然而，他并未满足于首领之位，而是怀揣着建立独立国家、登基为帝的宏伟梦想。公元916年，耶律阿保机成功建立了契丹国，并自称为大圣大明天皇帝。

耶律阿保机登基后，持续寻求扩张领土。当时，北方的游牧部落势力相对薄弱，东部的渤海国和高丽国亦处于颓势，而南部的李克用与朱温则陷入长期的战乱之中。这种局势为耶律阿保机提供了极佳的扩张机遇。他计划将疆域拓展至黄河以南、漠北以北的广大区域。为实现这一目标，他首先尝试南下，但均告失败。

耶律阿保机对黄河以北的领土怀有极大的渴望，而北方的军阀亦企图利用契丹的力量以实现自己的私利，这为他进攻中原创造了有利条件。新州（今河北涿鹿）将领卢文进因不满李存勖的征兵政策，转而投降契丹。耶律阿保机随即率领军队与卢文进一同进攻新州和幽州，成功击败周德威，并对幽州城进行了近两百天的围攻。然而，随着晋军将领李嗣源率兵前来救援，耶律阿保机不得不撤军，并命卢文进驻守平州，以确保契丹南下通道的安全。

后来，镇州的张文礼背叛了节度使王镕，还杀了他，然后去寻求耶律阿保机的帮助，想一起对付李存勖。耶律阿保机就再次南下，打下了新州，又去围攻定州，结果和李存勖在沙河和望都（今河北望都）打了起来。但这次他吃了大亏，因为正好遇上大雪，契丹军队吃的用的都没了，死了很多人，最后只能撤退。因为契丹军队打仗时，都是自带食物，战时靠抢，所以一旦被中原军队围住或者打持久战，他们就无法坚持。

耶律阿保机看到两次南下都失败了，就改变了策略，决定先攻打西北和东北，想先拿下北方的游牧部落和东边的渤海国，把这些威胁都解决了，再向南边动手，占领河东和河北。

他重新部署作战计划，然后亲自带兵去攻打党项、阻卜这些部落，一直打到了乌孤山（今肯特山），还抓住了回鹘的都督毕离遏。耶律阿保机的地盘就这么一路扩大，一直扩展到了阿尔泰山。

失败并不可怕，可怕的是在多次失败后还不懂得反思和审视自己。耶律阿保机经历了两次南下的失败，终于明白自己的实力还不够强，不能强行扩张到中原。即使当时看起来有很多好机会，他也能够冷静分析形势，选择更加明智的道路前进。

把资源用在没有希望的事情上，就像把宝贵的东西白白浪费掉一样。机会再好，如果不能成功把握，那也只是空谈。与其盲目地冒险，不如先把精力投入其他有回报的事情上，等到条件成熟、实力增强的时候，再去实现更大的目标也不晚。

破局故事二

隋朝末年，天下动荡不安，农民起义此起彼伏，隋朝内部官员亦纷纷背离朝廷，归附起义军，致使隋炀帝对朝中重臣，尤其是手握实权的外藩大臣，心生疑虑。

唐国公李渊，曾在中央与地方身居要职，以其独到的眼光和非凡的才能，结交四方豪杰，广施恩泽，赢得了极高的声望，赢得了众多人的归附。然而，这份声望亦使他成了隋炀帝眼中的隐患。当隋炀帝传召李渊时，李渊因病未能应召，这无疑加剧了隋炀帝的猜疑。

李渊的外甥女王氏，身为隋炀帝的宠妃，在隋炀帝问及李渊未应召之因时，坦言其因病未能成行。隋炀帝进而询问李渊的健康状况，是不是已经病入膏肓了？王氏急忙将消息告知李渊，此时李渊知道了隋炀帝已对自己起了疑心。然而，他深知时机尚未成熟，唯有暂时隐忍，静待时机。

为了消除隋炀帝的疑虑，李渊故意放纵自己，广纳贿赂，败坏名声，整日沉溺于声色犬马之中，并四处宣扬其放纵之事。隋炀帝听闻这些消息后，对李渊的警惕之心逐渐减弱。正是这一策略，为李渊日后的晋阳起兵，乃至最终建立大唐帝国奠定了基础。

若李渊当初在形势不利时未能主动示弱，或示弱之态显得不够自然，恐怕早已招致隋炀帝的猜疑与迫害。对于志向远大者而言，其道路必然漫长且充满险阻。在困境中，低头示弱并非耻辱，反而是明智之举。若强行支撑，不肯在逆境中低头，即便身处低谷，亦有可能遭遇更大的困境。因此，时机未到，切不可强出头。

以退为进，不可偏执一端

破局思维

古人云“以退为进，方是上策”，是说在关键时刻要懂得审时度势，适可而止。退步并不就是失败，而是为了避免受到更大的损失；退步也并不就是怯懦，它只是暂时的妥协，更是一种进行自我调整的策略。

破局解读

古语有言：“吾不欲匹夫之勇也，欲其旅进旅退也。”此言意在揭示战争之真谛，非仅恃个人之勇猛，而需智慧与进退之度。人生于世，所遇之事繁多，非事事皆需迎难而上，直面困境有时反使问题加剧。

诚然，全速前行或有开创新天地之可能，亦可能遭遇重重阻碍，乃至南墙之撞或深渊之坠。因此，懂得退步之道，尤为重要。退一步，往往能海阔天空，更利于实现自我价值。

真正杰出之人，皆懂得后退之艺术。他们深知冒进之险，不盲目冒进。后退非怯懦，乃理性思考，以达至目标。

世间诸事，难尽如人意。有时，后退方能赢得更多机遇。毋惧后退，后退实乃自我提升之途。知退进之道者，为明智之人。他们能顺应时势，行事更为顺畅。有时，后退亦为迂回之术，非真正退缩，以创造更多机会，终获所愿。

破局故事

在春秋时期的五位霸主中，晋文公的经历非常特别，他的一生很好地诠释了“以退为进”的智慧。晋文公生于乱世，历经艰险，在六十多岁的时候当上晋国国君，然后励精图治，在诸侯国中称霸，可谓是颇具传奇。

晋文公第一次实践“以退为进”的策略，就是选择离开自己的国家，以保存实力，避免灾难。他流亡在外长达十九年，其中的艰难困苦只有他自己知道。

重耳流亡到楚国时，楚成王非常尊重他。在宴会上，楚王问他如果以后回到晋国做了国君，要怎么报答楚国。重耳说：“你们楚国什么都有，美女、玉帛、羽衣皮服都有，我不知道该怎么报答。”楚王又问，重耳表示：“如果我以后真的当上了晋国的国君，万一我们和楚国打仗，我会让我的军队退后九十里。”

后来，重耳真的当了晋国的国君，被称为晋文公。此时楚国出兵攻打宋国，而晋国出于自身利益的考量，决定出兵中原，与楚国一较高下。然而，在两军对峙之际，晋文公却毅然下令军队退避三舍，履行了当年对楚成王的承诺。

楚军的领军者子玉见晋军退却，误以为晋军胆怯，便轻率追击。晋文公趁机在城濮地区布下天罗地网，待楚军深入后，突然发起猛烈攻击，尤其是针对楚军右翼的致命一击，迅速瓦解了楚军的战斗力，从而赢得了城濮之战的胜利。

在击败楚国后，晋文公又恢复了曾被自己消灭的曹国，让其复国，来展示自己无意恃强凌弱的胸襟。

这个举动其实和“退避三舍”很相似，晋文公让曹国重新独立也是有深远考虑的。如果晋国当时贪图曹国那点地盘，直接把它吞并了，那么其他小国家看到这一幕，肯定会担心自己哪天也被晋国吃掉，于是就会纷纷远离晋国，不再跟它亲近。这样一来，晋国虽然暂时得到了曹国的土地，但长远来看，却失去了更多国家的信任和友谊，这才是真正的大损失。

所以，晋文公决定放弃眼前这块到手的肥肉，让曹国复国。这样做虽然看似放弃了既得利益，但实际上为晋国赢得了更多的朋友和支持，这是一种更加明智和划算的选择。这就像《孙子兵法》里说的，在战场上，要根据形势的变化来灵活决策，有时候放弃一些利益，反而能赢得更大的胜利。在晋文公看来，国家的土地虽然重要，但也不是绝对不能动的，关键是要看怎么动才能对自己最有利。这样，才能在复杂的局势中进退自如，游刃有余了。

见好就收，要学会及时功成身退

破局思维

在人生的各个时期，我们都应知道适可而止的重要性，更应在适当时机见好就收。任何个体，均无法独揽所有利益，因为过度贪婪往往导致被他人疏远，最终落得孤立无援的境地。真正具备卓越智慧的人，皆懂得在恰当时机收敛。

破局解读

正如老子所言:“持而盈之，不如其已。”此言深邃透彻，意在告诫世人，过度追求盈满，不如适时止步、放下重负。

生存的智慧，在于适度，不过度追求、不放纵欲望、不盲目激进，方有可能抵达恰到好处的圆满之境。诚然，生而为人，皆怀欲望，期望“好上加好”“好了更好”，此为人之常情，追求更高更好的生活与工作，乃人之本性，应可理解。然而，并非世间所有事物皆需永无止境地去追求“好上加好”。须知过犹不及，过度追求可能反而导致一无所有。

破局故事一

在唐代中期的政治舞台上，李泌是一位极具神秘色彩的人物，他辅佐了玄宗、肃宗、代宗、德宗四位皇帝，留下了深刻的印记。

李泌所处的时代，是一个动荡不安、多灾多难的时期。当时，奸臣当道，藩镇割据，朝政混乱，许多忠诚的大臣不是因奸臣的谗言而遭陷害，便是因武夫的刀剑而丧命。

然而，李泌却能在这样的环境中，获得四位皇帝的信任，尽管他屡遭诬陷、谗毁，却总能化险为夷，保全自身。他的成功之道，主要得益于两点：一是懂得避权让位，不贪恋权力；二是懂得功成身退，不恋栈权力。

早在唐玄宗时期，李泌就已凭借过人的智慧和才华，在朝廷中崭露头角。当时，唐玄宗有意任命他为太子李亨（即后来的唐肃宗）的官属，但李泌婉言谢绝了。他更愿意以布衣的身份与太子交往，因此得到了李亨的尊重，被尊称为“先生”。

后来，李泌因遭受杨国忠的嫉妒而被贬斥。他毫不犹豫地辞去了官职，隐居于嵩山、颍水之间，从而避免了一场可能的杀身之祸。

“安史之乱”爆发之际，新即位的李亨特意派遣使臣邀请李泌出山，并打算任命他为宰相。然而，李泌却坚决婉拒了。他对肃宗说：“陛下以宾客、朋友的身份待我，这已是我莫大的荣幸，比宰相之职还要尊贵，我又何必强求更高的地位呢？”

唐肃宗见李泌态度坚决，所以只能任其选择。然而，他对李泌的尊重和信任却是超乎寻常的。在宫廷之外，两人并驾齐驱；在宫廷之内，则同榻而眠。朝中大小事务，肃宗无不向李泌请教，对其建议言听计从。甚至对于文武官员的选拔、宰相的任免，乃至太子人选的确定等关键事务，肃宗也都听取李泌的意见，充分展示了其在朝中的影响力。

每当议事时，李泌与皇帝并肩而坐，大臣们私下里便议论纷纷：“身着黄袍者为圣人，身着白袍者则是山人（对李泌的尊称）。”这样的身份，让李泌既能够参与决策，又不必承担直接的责任，一旦察觉有对自己不利之事，进退之间皆显自由。

然而，当时的宦官李静忠（后成为大奸臣李辅国）却对李泌怀有深深的嫉妒。因为李泌越来越受到皇帝的重视，几乎快要取代他在皇帝心中的位置了。李静忠心里很不舒服，决定要报复李泌。

另外，肃宗的妃子张良娣也对李泌很不满意。以前，肃宗很尊重她，什么事都迁就她。但现在，他好像只关心李泌，连晚上都不回寝宫了。以前他们经常聊天，现在肃宗却忙得很，连跟她说话的时间都没有。张良娣觉得很难过，她把这一切都怪罪到了李泌头上。

李泌知道自己现在很危险，为了安全起见，他决定离开朝廷，去过隐居的生活。于是他向唐肃宗提出了要回家过日子的请求。他说："我已经报答了陛下的恩情，现在我想过点自由自在的生活，到处走走，做我喜欢的事情。"唐肃宗听到这个请求很惊讶，问李泌："我们一起经历了这么多困难，现在好不容易要过上好日子了，你为什么要离开我呢？"

李泌很认真地回答："我有五个理由不能留下来，我希望陛下能放我走，这样我才能保住性命。"

唐肃宗深感困惑，遂问："此中缘由何在？"

李泌郑重回答："臣与陛下相知甚早，此乃第一不可留之因；陛下对臣倚重至深，此乃第二不可留之因；陛下对臣之宠信无比，此乃第三不可留之因；臣之功劳过大，此乃第四不可留之因；臣之行径异于常人，易遭非议，此乃第五不可留之因。此五点，皆是我不能长久留于朝廷的理由。"

唐肃宗未置可否，只道："夜深了，此事容后再议。"

李泌坚持道："陛下今与臣同榻而卧，对臣之请求尚不能应允，更何况将来于朝堂之上、公案之前？届时，陛下将更难以允准臣之离去。陛下若不许臣离去，无异于置臣于死地。"

唐肃宗感慨道："未曾想到，先生对我之疑惧竟至如此。我待你如此尊崇，又怎会做出杀你之事？你竟将我看作那只能共患难而不能同安乐的勾践，难道不是吗？"

李泌答曰：“正因陛下不会杀臣，臣才敢请求归隐，期望得到陛下恩准。若陛下决意杀臣，我又岂敢有此请求？我深知，杀臣非陛下本意，而是前面所述之‘五不可留之因’。如今，陛下对我一向如此厚待，我尚有些言语不敢直言，待将来天下安定，我更将缄口不言。”

在李泌的坚决请求下，他终于离开朝廷，隐居衡山。

从后来朝局的变化方向看，李泌的选择是极为明智的。在平定安史之乱后，李辅国因功高而备受重用，权倾朝野。他铲除异己的手段极其残忍，毫不留情，甚至连曾经的盟友张皇后（张良娣）也不放在眼中，欺压百姓，欺瞒皇帝，行事肆无忌惮。

李泌无疑展现出了卓越的洞察力和非凡的胆识。他不仅以功成名就的方式退出政治舞台，更确保了自身的安全。肃宗皇帝亲近奸佞小人，李泌正身处于政治漩涡之中。尽管他与皇帝暂时保持着和谐的关系，但面对众多小人的谗言和枕边风的侵蚀，他深知肃宗皇帝对自己的印象难保不会发生改变。一旦到了那个地步，再想挽回局面便为时已晚。

破局故事二

范蠡，初为楚国布衣，后成为越王勾践的股肱之臣。他胸怀壮志，独具远见，于越王困厄之际，挺身而出，辅佐其奋发图强，终使越国一雪前耻，成就霸业。

在庆功宴上，乐师演奏了《伐吴》之曲，意在颂扬范蠡与文种之功，然而此时的勾践面色凝重，无喜色。范蠡察言观色，心中明了：勾践生性多疑，嫉妒心强，不欲归功于人。意识到若不早日抽身，恐有性命之忧，他遂决定舍弃荣华富贵，激流勇退。

范蠡离去后，念及昔日同舟共济，遂修书一封，遣人送给文种。信中言：“蜚鸟尽，良弓藏；狡兔死，走狗烹。越王勾践为人长颈鸟喙，可与共患难，不可与共乐。子何不去？”文种读罢，恍然大悟，遂以病为由，不再上朝。然而，时机已晚，勾践深知文种才华横溢，恐其有二心，难以驾驭，遂起杀心。此时，有人诬告文种图谋不轨，勾践赐其宝剑一柄，曰：“昔日先生教我伐吴七策，我只用三策便灭吴。今请先生于地下施展余策。”文种见剑上刻有“属镂”二字，正是吴王夫差赐伍子胥自刎之剑，不禁长叹，拔剑自刎。

范蠡于事业巅峰之际，洞察权力之险恶，毅然选择激流勇退，此等大智大勇，实为千古罕见，非寻常人所及。

在现实生活中，花朵绽放之后，便孕育果实，最终凋零。这本身就是大自然的写照。太阳行至中天便会偏西，月亮圆满之后就开始亏缺，这些都是自然界固有的规律。当事业达到顶峰，力量达到极致时，适时隐退，这是对自然规律的自觉遵循。只知道前进却不懂适时后退的人，终将引来祸患。功成名就之后选择退隐，是大自然赋予的一条重要法则，也是人生智慧的体现。

第九章

运筹帷幄，破局高手出手就成定局

所谓“破局”，是指在错综复杂的局面中，依然能够探寻并找到切实可行的解决方案，简而言之，就是具备化解复杂问题的能力。

杰出的人之所以卓越，其核心优势在于他们擅长解决复杂问题。这种能力并非依赖于天赋异禀或机遇的垂青，而是源于他们“知行合一”的深厚素养。他们不仅具备深厚的理论知识，更能够将这些知识转化为实际行动，从而有效地解决问题。

没有绝对的胜利，只有互惠共赢

破局思维

在复杂多变的世界中，单凭一己之力难以立足，因为个人的力量毕竟有限。即便是那些从零开始并最终取得辉煌成就的人，也必然少不了他人的支持与帮助。想要追求更高的成就，就必须依赖于更多人的协助与扶持。

破局解读

在如今这个学科交融、技术高度发达的时代，一个人的力量越来越显得不够用，想要单独在事业上取得大成就已经很难了。因为一个人很难同时具备所有成功所需的能力。所以，我们必须好好想想怎么才能成功。其实，最关键的就是团队合作。

聪明人都明白，要想在事业上有所作为，就得找些志同道合的人一起努力，大家互相支持、互相帮助，一起达成共赢的目标。但是，现实中有些人还是喜欢单打独斗，觉得靠自己一个人就能成功。可实际上，这样很难取得大的成就，特别是那些目标远大的人，更需要别人的帮助来实现梦想。

破局故事

公元前 257 年，秦国军队围困赵国都城邯郸，邯郸形势岌岌可危，赵国已濒临亡国之境。赵国平原君是魏国信陵君的姐夫，为了解救国家危机，向魏国发出了求援的信息。

消息传至魏国，信陵君出于亲情与道义，自然赞同出兵救援赵国。然而，魏国国君因畏惧秦国的强大，迟迟未能下定决心出兵。信陵君心急如焚，多次劝说均未能奏效。面对国君的犹豫与姐姐的生死关头，信陵君倍感焦虑，最终决定亲自率领宾客前往赵国，与赵国人民共渡难关。

然而，就在信陵君率众出城不久，他却突然带领众人返回。他并非不欲救赵，而是在途中遇到了一位名叫侯嬴的隐士，侯嬴的言辞让他改变了初衷。侯嬴不仅未支持信陵君的决定，反而出言讥讽，预言信陵君此行将命悬一线。

侯嬴，魏国一位颇具声望的隐士，虽家境贫寒，年逾七十，却仍在大梁城的东城门担任看守。他看似平凡无奇，但信陵君听闻其才识过人，便以礼相待，派人以重金相邀。然而，侯嬴却以年迈为由婉拒了信陵君的邀请。信陵君并未因此放弃，他精心策划了一场盛大的宴会，邀请了众多尊贵的宾客。

在宴会中，信陵君特意留下一个最为尊贵的位置，并亲自驾车前往邀请侯嬴。信陵君让他坐在最尊贵的位置上，与众人共饮。侯嬴并未流露丝毫的谦逊之态，他坦然落座。在整个过程中，信陵君始终保持着恭敬的态度，毫无怨言。这份诚意最终打动了侯嬴，使他成为信陵君府中的宾客。

此次，侯嬴坚决反对信陵君轻率前往赵国救援。他严肃地告诫信陵君，如此贸然行动，无异于将鲜肉投掷于饥饿的老虎之前，结果只会是徒劳无功。若真心欲救赵国，必须另辟蹊径。

原来，魏王身边有一位极为受宠的小妾，她能够自由出入魏王的寝宫。信陵君素以广施恩泽著称，曾助此小妾报得杀父之仇。此刻，正可利用这份恩情。

那么，利用她做什么呢？那便是窃取兵符。在古代，持兵符就能调动军队。于是，信陵君求助于魏王身边的那位小妾，她成功地从魏王那里偷出了兵符。之后，信陵君就凭借这个兵符，调集了魏国的军队，成功解救了赵国。事情解决后，信陵君把军队送回了魏国，但他自己选择了留在赵国。因为他明白，偷兵符可是大罪，要是这时候回国，肯定会受到很重的处罚。

过了十年，秦国又派大军来攻打魏国，魏国一下子陷入了困境。得知这个消息后，信陵君心里很着急，他想回魏国为国家出一份力，弥补过去的错误。于是，他果断地决定返回魏国。

魏王对信陵君昔日的行为并未加以责难，反而给予他崇高的荣誉，封其为上将军，并委以抗击秦军的重任。信陵君因“窃符救赵”这一义举，在多国树立了极高的声望，赢得了广泛的尊重。他凭借自己卓越的影响力和号召力，成功组织起包括赵国在内的五国合纵军，成功抵御了秦军的凌厉攻势。

“窃符救赵”不仅是历史上一段佳话，更是信陵君辉煌人生中浓墨重彩的一笔。他是一位心怀家国、重情重义且谋略过人的智者。他最为人所称道之处，在于他深刻理解了互利共赢的哲理。他为何要拯救赵国？难道仅仅是因为他的姐姐身在邯郸吗？显然答案并不这么简单。他拯救赵国的根本原因，在于他深知魏国与赵国面临着共同的敌人——秦国。两个兵力并不强大的国家只有相互联合，才能拥有与强大的秦国抗衡的力量。历史也证明了，魏国和赵国一起合作，真的能够和强大的秦国抗衡。信陵君冒险派人去偷了兵符，成功救了赵国。他的聪明和谋略，真的让人佩服。

这就像大海之所以这么大，是因为它接纳了每一条小溪。一个人再厉害，他的力量和能力也是有限的，靠自己一个人很难做成大事。所以，如果我们想要成功，就要学会和别人一起合作，互相支持，互相帮助。

出手要狠，决断要快，绝不优柔寡断

破局思维

在人生的漫长旅途中，人们时常遭遇和面临各式各样的问题和选择。当面临这些纷繁复杂的选择时，我们必须学会明智地权衡与取舍。尤其是当行至人生的十字路口时，许多人会犹豫，瞻前顾后，难以迅速作出决定。然而，我们必须认识到，机遇往往如同白驹过隙，稍纵即逝，能否抓住它，取决于我们瞬间的决断。

正如《鬼谷子》所言：“故夫决情定疑，万事之基。”在关键时刻，我们需要果断地做出决策，消除疑虑，这是解决问题的根本所在。当机立断，是每一个追求事业成功的人所必备的素质。而优柔寡断，则会成为我们人生道路上的一大障碍，阻碍我们前进。

破局解读

拿破仑曾明确说过：“优柔寡断让许多人面临不幸，它会使人对一些事情失望，然后把惩罚强加在自己身上。”这句话非常直接地告诉我们，没有决断力的人会面临很多不幸。

当我们追求成功时，最不能有的就是犹豫不决。因为机会就像是天空中的流星，只会在空中一划而过。所以，当机遇来临时，我们需要迅速而果断地做出选择。

特别是在危急时刻，决断能力更是至关重要。只有能够迅速作出决定的人，才能在竞争中占据先机。所以，我们要培养自己的决断力，不要害怕做出选择，因为每一个选择都是向成功迈进的一步。

破局故事

永平十六年（公元73年），班超跟随窦固将军出征匈奴，担任了代理司马的职务。窦固将军让他带兵去攻打伊吾（现在的新疆哈密西），并在蒲类海与北匈奴的军队交战。那次战斗，班超的军队取得了很大的胜利，消灭了不少敌军，因此窦固将军非常看重他。

后来，窦固将军又派班超和郭恂一起出使西域。他们首先来到了鄯善国（现在的新疆罗布泊西南），一开始鄯善王对他们非常热情，但没过多久，班超就发现鄯善王对他们的态度变冷淡了。

班超很聪明，他很快就察觉到了这个问题，于是召集了他的部下一起讨论。他对大家说："你们感觉到了吗？鄯善王对我们的态度突然变冷淡了。我猜想，一定是北匈奴的使者也来到了这里，所以鄯善王现在很犹豫，不知道应该听谁的。"

为了弄清楚真相，班超叫来了鄯善国的侍者，突然问他："我知道北匈奴的使者已经来了很多天了，他们现在住在哪里？"侍者被班超突然的发问吓了一跳，没来得及想清楚怎么回答，就告诉了班超实情。为了防止消息泄露，班超就把那个侍者关了起来。

接着，班超把他的三十六名部下召集起来，大家一起喝酒。当大家都有点微醉的时候，班超说："我们现在都在远离家乡的地方，都想通过努力立功，从而过上更好的生活。现在，我们有一个大好的机会。北匈奴的使者刚来几天，鄯善王就对我们冷淡了。如果我们不采取行动，可能会被鄯善王抓住送给北匈奴，成为他们的猎物。你们说，我们该怎么办？"

大家齐声回答："我们现在很危险，生死都由您决定。"

班超说："不入虎穴，焉得虎子。我有一计，大家照我说的做，定能成事。"

当天傍晚，班超带着他的三十六名部下悄悄地靠近了北匈奴使者的住处。当时正好刮着大风，班超让十个人带着鼓藏在敌人住地的后面。他们约定，一看到火就使劲敲鼓和大声叫喊。他又让其他人带着刀枪弓箭埋伏在门的两边。然后，班超顺着风势点燃了火。这三十六人一起制造出了很大的声响，场面非常混乱。匈奴人不知道来了多少敌人，一下子都慌了，不知道往哪里逃。最后，班超亲手杀了三个人，他的部下也杀了三十多人，其他的匈奴人都被火烧死了。

第二天，班超把北匈奴使者的首级带到了鄯善王面前，鄯善王看到后吓得脸色苍白。班超则安抚鄯善王，既展现了威严也表达了善意。鄯善王立即表示完全信服，愿意归附汉朝，并把自己的儿子送到汉朝作为人质。

班超的出色表现赢得了窦固的极高赞赏，他向汉明帝详细报告了班超的功绩。汉明帝也非常欣赏班超的胆识和谋略，立即提拔他担任军司马，并继续让他出使西域各国。

在后来的出使任务中，班超都展现出了超凡的智慧和策略，他带领的汉朝使团每到一处，都成功地让该国归附了汉朝。后来，班超被任命为西域都护，他还提出了“以夷制夷”的策略。在西域的三十一年里，他始终坚持这一策略，成功地争取了多数国家的支持，分化、瓦解并驱逐了匈奴势力。他不仅维护了汉朝的安全，还加强了汉朝与西域各国的联系，为西域重新回归汉朝作出了巨大的贡献。

在关键时刻，他以“不入虎穴，焉得虎子”的果敢精神，展现出无与伦比的勇气与智慧。

正是这种“当机立断”的决断力，让他能够在战场上屡建奇功，也在外交场合中巧妙应对，赢得了胜利。班超的故事告诉我们，在人生道路上，当机遇来临时，我们必须迅速做出决策，果断行动，才能抓住机遇，实现自己的理想和目标。

打破固有思维，方可出奇制胜

破局思维

虽然循规蹈矩是解决问题的常规方法，但过于依赖这种方式往往会使思路变得僵化，难以实现重大的突破。若能巧妙运用智谋，采取出人意料的策略，尽管表面上可能看似不够稳重，实则却能达到出奇制胜的效果。因此，出奇制胜自古以来便是人们所推崇的谋略之一，凡是善于运用此策略者，往往能够获得意想不到的成功和收获。

破局解读

在这个纷繁复杂的世界中，诸多既定规矩固然为行事提供了框架，但过度依赖这些规矩，一旦思维僵化，便易为对手所洞察，成为致命弱点。过度遵循既定规矩，不仅限制了我们的策略灵活性，更增加了成功的阻力，为对手提供了可乘之机。

事实上，任何事物均有多面性。受限于过往经验，我们常仅关注事物的一面，而忽视其他潜在层面。因此，打破固有思维模式，从多角度审视事物，成为我们应对复杂局面的关键。通过多层面理解，我们能够出其不意，使对手措手不及。

兵家历来重视出奇制胜，这于现实生活和人际交往中同样适用。能够运用出奇制胜之策略，是谋略者智慧与胆识的体现。故此，我们应当培养自身出奇制胜的能力，以应对不断变化的世界和日益复杂的挑战，确保在竞争中立于不败之地。

破局故事

即墨之战，是战国时期一场激烈的攻防之战。燕国的大将军乐毅带着五个国家的军队，像闪电一样冲向齐国，想要一口气把齐国给灭了。在济西之战中，齐国的军队被打得很惨，损失惨重。乐毅一看形势大好，就接着往前冲，一路打下了齐国的七十多座城池。最后，就只剩下莒城（今山东省莒县）和即墨（今山东省青岛市即墨区）这两个地方还在硬撑着，不肯投降。

即墨城中，百姓们生活在深深的恐慌与不安之中。在这生死存亡的紧要关头，他们有幸遇见了一位智勇双全的将领——田单。田单，身为齐国国君的远支宗族成员，凭借他非凡的智慧和过人的胆识，赢得了民众广泛的尊敬与信任。

在燕军如狂风骤雨般席卷齐国，人心惶惶、士气低迷之际，田单展现出了非凡的远见和策略。他事先便指示族人将车轴两头锯断，并用铁皮包裹轴头以备不时之需，这一决策在后续的战斗中发挥了决定性的作用。当燕军大举进攻安平（今山东省淄博市临淄区）时，齐人纷纷逃亡，许多人因车轴互相碰撞而导致车辆损坏，最终被燕军俘虏。然而，田单的族人因采纳了他的建议，得以顺利逃至即墨，这一事实令众人对田单刮目相看，认为他智勇双全，因此一致推举他担任守城将军，领导即墨的军民共同抵御外敌。

公元前279年，燕昭王驾崩，燕惠王继位。田单敏锐地洞察时机，巧妙地利用了燕惠王与乐毅之间的嫌隙，精心施展了反间之计。他向燕国散布谣言，宣称乐毅虽以攻齐为名，实则心怀叵测，意图掌控军队，在齐国自立为王。这一谣言直击燕惠王的敏感神经，他深恐乐毅功高盖主，威胁到自己的统治地位，遂决定撤换乐毅。乐毅因担忧回国后会遭受迫害，便选择了逃往赵国。此举无疑为齐国带来了难得的转机，同时也暴露出燕惠王的短视与无知。

乐毅的离去，使燕军士气大挫，而田单则趁机继续施展反间计。他先是散布谣言说，燕国人若将俘虏的鼻子都削去，齐国人将不敢再战。燕国人听信谣言，果真照此行事。此举成功地激怒了齐国军民，坚定了他们守城的决心。随后，田单又宣称齐人的祖坟皆在城外，若燕人掘坟，可使齐军寒心。这一谣言再次让燕军中计，他们在城外掘坟焚尸，进一步激怒了即墨军民。在田单的巧妙操控下，燕军陷入了内外交困的境地，而即墨军民则同仇敌忾，士气高昂。

为了坚定士兵们的信念和凝聚力，田单亲自投身于防御工事的修筑之中，与士兵们并肩作战，共同面对艰难困苦。他不仅将自己的妻妾编入部队，让她们也参与到战备工作中，更是将所有的食物资源拿出来，用以犒劳前线将士，确保他们得到充分的补给。这些行动使士兵们深切感受到了田单的诚意和坚定的决心，从而更加信赖和拥护他作为他们的领袖。

与此同时，田单还巧妙运用了反间计来麻痹燕军的警惕性。他派遣使者前往燕军阵营，假装表达愿意投降的意愿，使燕军误以为胜利在望，从而放松了戒备。紧接着，田单又从民间筹集了大量黄金，命令即墨城中的富户将这些黄金赠予燕军将领骑劫，并借此请求燕军在入城后不要劫掠他们的宗族妻妾。这一策略进一步加深了燕军的错觉，使得骑劫等将领更加放松了警惕，导致燕军的防备更加松懈。田单的这一系列举措为即将到来的反攻创造了有利条件。

在准备充分后，田单终于发起了反攻。他先在城中收集了1000余头牛，给牛披上大红色的丝帛，并在上面画上五颜六色的龙形纹饰。然后，他又在牛角上绑上锋利的尖刀，在牛尾上系上浸了油脂的芦苇。到了半夜时分，燕军已经陷入沉睡之中。田单一声令下，士兵们点燃牛尾上的芦苇。牛受惊后猛烈冲向燕营，而牛群后面则跟着5000余名壮士组成的“敢死队”。燕军被火牛阵冲得七零八落，随后又被壮士们疯狂进攻。此时，城中的百姓也齐敲铜器战鼓，发出震天动地的呐喊声。在惊魂未定之中，燕军大败溃逃。

齐军乘胜追击，诛杀了骑劫并继续追杀燕国败军。他们经过的城邑纷纷背叛燕国归附田单。最终，田单率军一直追到黄河北岸，将失陷的齐国七十余城全部收复。此后，他又将齐襄王从莒城迎回临淄（今山东淄博东北），齐国成功复国。

司马迁于《史记·田单列传》中论赞曰：“兵以正合，以奇胜。善之者，出奇无穷。”此即对田单实践并灵活运用《孙子兵法》中“出奇制胜”之理论的盛赞。

欲先取之，必先予之

破局思维

“欲取先予”是一种破局策略，语出老子《道德经》的第三十六章。其字面意思为在想要取得某物之前，必须先给予对方。这一思想强调了在追求某种目标或实现某种目的时，通过先给予对方某种利益或满足其需求，来降低对方的警惕性，从而创造有利于自己的条件或机会，进而达到自己最终的目标。

破局解读

无论商家涉足何种商业领域，盈利始终是其核心追求。然而，为达成此目标，商家有时需转变传统思维模式，尝试运用看似“亏本”的经营策略。有时，这种微小的损失可能会引发意想不到的积极效果。但须明确，这里的“亏本”并非随意妥协或软弱的象征，而是商家经过深思熟虑、精心设计的策略，展现其深邃的洞察力和卓越的智慧。

同样地，在追求事业成功的道路上，我们亦不应操之过急。在特定情境下，巧妙地做出些许让步、承担一定的损失，反而可能更有利于我们达成目标，并为长远利益奠定坚实基础。眼前的挫败只是暂时的，它为我们提供了宝贵的经验和力量，助力我们在未来取得更为辉煌的成就。

破局故事

宋公子鲍志向远大，然而长期以来，他深藏不露，默默韬光养晦。为了实现其宏伟的抱负，他广泛吸纳贤才，不惜倾尽家财，慷慨解囊，济困扶危，因此在百姓中赢得了极高的声望。

在宋昭公七年（前613年），宋国遭遇罕见的自然灾害，全国各地粮食匮乏，民不聊生。然而，宋昭公却置国事于不顾，沉迷于奢华享乐之中。

面对此景，公子鲍毅然决然地打开了自家的粮仓，向百姓发放粮食，以解燃眉之急。他不仅在公益事业上表现出色，而且处理事务极为周到。他规定，凡是国内七十岁以上的老人，均可按月领取粮食和衣物；同时，他不断派人前往慰问那些有功于国、德高望重的老臣和贤士，赠送大量的生活用品；对于拥有一技之长的人才，他更是悉数收纳，给予优厚的待遇和尊重。对于宗族亲戚，无论亲疏远近，只要遇到红白喜事，所需费用均由他一人承担。

然而，在第二年，灾情依旧肆虐，公子鲍的粮仓已经枯竭，但他并未放弃，转而向襄夫人求助，继续为民解困。襄夫人被其仁心感动，不仅提供了物资支持，更在关键时刻站到了公子鲍一边，决心废黜昏庸的宋昭公，拥立公子鲍为国君。

终于，时机成熟。在襄夫人的协助下，公子鲍策划了一场政变。他利用自己在军中的威望和民众的广泛支持，迅速集结力量，于宋昭公外出打猎之际将其包围并废黜。整个过程，几乎未遇抵抗，因为公子鲍的仁政已深入人心，军民皆愿拥戴其为新君。

公子鲍即后来备受尊敬的宋文公。宋文公深刻理解“欲取先予”的道理。他慷慨解囊，将钱粮慷慨施予民众，赢得了广泛的支持和信任。尽管他付出了巨大的代价，钱财耗尽，粮仓空虚，但他依然坚守这一原则，即便是借贷，也秉持着“予”的精神。最终，他的付出得到了丰厚的回报，赢得了民心，成为一国之君。因此，在我们处理事务时，也应借鉴宋文公的智谋，先明确目标，然后慷慨付出，以期最终收获理想的成果。

用最小的代价换取最大的胜利

破局思维

在《孙子兵法》中，孙子明确提出了“全胜”的战略概念。那么，何为“全胜”呢？孙子指出：“凡用兵之法，全国为上，破国次之；全军为上，破军次之；全旅为上，破旅次之；全卒为上，破卒次之；全伍为上，破伍次之。”这里的“全”，是说使敌方以完整无损的状态归顺，通过这种策略，我方能以最小的成本获得最大的利益。而“破”则意味着通过战斗击败对方，这往往伴随着巨大的损失，不仅是对敌方，对我方也会造成严重的伤害，也许是伤敌一千、自损八百的结局。更为不利的是，即使战胜了对方，由于战场的残酷，我方也难以从中获得有效的补充。

因此，孙子所强调的“全胜”，是一种通过智慧和策略使敌方心甘情愿地归顺，从而以最小的代价实现最大的胜利。

破局解读

俗话说“打蛇打七寸”，在人际交往和竞争中，每个人都存在着潜在的弱点或缺陷。若能在竞争中精准地识别并巧妙地利用这些弱点，往往能扭转局势、取得胜利。在破局的过程中，我们应该善于避开敌人的坚固之处，集中力量攻击其脆弱之处。

从另一个角度来看，敌人的脆弱之处自然更易受到攻击。同时，这种攻击方式通常能以较小的代价换取较大的利益。在竞争过程中，我们总是希望以最小的牺牲获得最大的利益，战胜对手。因此，鉴于攻击对手的薄弱环节和空虚处所需消耗的成本最小，这无疑应成为我们在竞争中的首选策略。

破局故事

公元960年，赵匡胤任后周大将，受命抵御传闻中即将入侵的辽军。然而，当他的军队行至陈桥驿（今河南省封丘县陈桥镇）时，局势发生了戏剧性的转变。赵匡胤的士兵们突然发动兵变，为他披上黄袍，推举他为皇帝。

赵匡胤审时度势，见大势已定，便顺水推舟，接受了将领们的拥戴。随后，他率领军队返回开封，迫使年幼的周恭帝退位。赵匡胤随即登基为帝，建立了北宋王朝，成为历史上著名的宋太祖。

赵匡胤兵变之后的回师之路，总体而言颇为顺畅。都城守备的禁军将领，如王审琦等人，与赵匡胤素有“结社兄弟”之谊，闻听兵变消息后，便立刻提供接应。当军队行至陈桥门之际，守城将士坚决不开城门，赵匡胤便灵活调整策略，引军绕行封丘门，成功进入开封城。

与此同时，后周朝中的大臣们得知赵匡胤等人发起兵变。其中，忠诚于后周的韩通在仓促之间率领少数兵马进行抵抗，然而不巧遭遇了兵变先锋王彦昇。在一番追逐之后，韩通被迫退回家中，却不幸连同其家人一同被王彦昇诛杀。值得一提的是，除韩通遭遇不幸之外，兵变中的士兵们严格遵守了赵匡胤的军令，对普通百姓秋毫无犯，显示了高度的纪律性。鉴于赵匡胤确实拥有强大的军事实力，虽然朝中大臣们对其兵变心有不满，但并未采取激烈的抵抗行动。

然而，赵匡胤深知自己的皇位得来不易，更明白身边将领们手握重兵，势力庞大，对他新建立的政权构成了潜在的威胁。为了巩固自己的统治地位，确保国家的长治久安，赵匡胤决定采取一系列措施，削弱将领们的兵权，以确保朝廷的权威和稳定。

赵匡胤并未选择直接剥夺将领们兵权的粗暴方式，而是巧妙运用了“杯酒释兵权”的策略。他精心策划了一场宴会，邀请了石守信、高怀德等手握重兵的将领参与。宴会上，气氛和谐融洽，赵匡胤与将领们举杯畅饮，谈笑风生，仿佛忘却了朝堂上的权谋斗争。

然而，当酒宴渐入佳境时，赵匡胤却突然表现出忧虑的神色，他向将领们坦言自己身为天子，每日却忧心忡忡，唯恐有朝一日皇位不稳，被他人推翻。他向将领们询问，若他们的部下亦贪图富贵，欲效仿“黄袍加身”之举，他们又将如何应对？此言一出，将领们皆面露惶恐之色，纷纷表示不知该如何是好。

赵匡胤见状，便趁机提出了自己的解决方案：他希望将领们能够主动放弃手中的兵权，转而投身于购置良田美宅，享受富贵安逸的生活。

将领们听后都明白了赵匡胤的意图，他们知道这是赵匡胤在暗示他们交出兵权。虽然心中不舍，但面对赵匡胤的威势和承诺，他们不得不低头。于是，在酒宴结束后不久，这些将领纷纷上书称病，请求解除兵权。赵匡胤顺水推舟，一一批准了他们的请求，并赐予他们丰厚的赏赐。同时，赵匡胤与他们定下缔结儿女亲家之约，以确保他们的子孙后代均能承享无尽的荣华与富贵。

“杯酒释兵权”策略的成功，可以验证赵匡胤高明的政治手腕与智慧。他借助一场精心策划的酒宴，巧妙地解除了将领们的兵权，不仅避免了潜在的军事冲突和流血牺牲，更稳固了自己的统治地位。这一事件不仅展示了中国古代权力斗争中的智慧与权谋，也凸显了赵匡胤对权力重要性的深刻理解和维护决心。

从“黄袍加身”到“杯酒释兵权”，赵匡胤的每一次行动都展现了他高明的政治手腕。在“黄袍加身”中，他凭借最小的代价实现了政权的更迭，赢得了民心与稳定。而在“杯酒释兵权”中，他再次以最小的牺牲达到了巩固统治的目的，避免了内部的冲突与动荡。

在现代社会，“杯酒释兵权”的典故依然具有深远的启示意义。它提醒我们，在复杂的权力斗争中，智慧和策略往往比直接的武力更为关键。同时，也告诫我们只有时刻保持清醒的头脑，不被权力和利益迷惑，才能取得以最小的代价实现最大的胜利的效果。